U0106163

字的家族 ②

生 活 器 物 篇

編著◎邱昭瑜

新雅文化事業有限公司
www.sunya.com.hk

　　我所播下的心願種子《中國文字的前世今生——文字的奧祕》，已經在許多讀者的心中生根發芽了。現在《字的家族》是我為這顆種子特調的神奇生長藥水，可以幫助種子像傑克的魔豆一樣快速生長，希望讀者們可以順着這棵心願樹的枝條，找到倉頡大仙的語文寶藏。

　　小朋友，在你跟着倉頡大仙去認識各個文字家族之前，我想先跟你説説話兒……

　　文字是人類發明的，人類有家族，文字當然也有家族啦！中國文字最可愛的地方，就是當你認識那個文字家族的族長之後，就算在其他地方看到被遺漏了的家族成員，你也能一眼就認出它是屬於哪一個家族的！什麼？你連族長是什麼模樣都弄不清楚？説得簡單一點，族長就是你常聽到的「部首」，不過不只是「部首」可以當族長，「同源字」也可以當族長。什麼是「同源字」呢？就是有同樣根源的字囉！

　　現在，我邀請各個文字家族裏的一些常見成員來聚會。不過，我想你可能會有這樣的疑問：「這個家族成員的數目只有這些嗎？」當然不是的！因為在我發出邀請函請這些文字回家族聚聚的時候，有些文字正在旅行不便參加，有些文字則堅持隱居、不想再過問家族的事，所以你看到的家族成員就只有這些愛熱鬧又愛出風頭的囉！你或許會發現這些參加聚會的成員有很多是「熟面孔」，也就是説你常常會看到它的，其實這些熟面孔都是我特別邀請一定要回來聚會的成員呢！説到這裏，你可能會問：「是不是所有的熟面孔我都可以看見？」假如你希望在這裏看到所有的熟面孔，我就只能説聲抱歉囉！有些熟面孔沒有出現，因為它們是「形

聲字」，也就是除了跟族長有血緣關係之外，另外一部分就純粹是表示聲音的符號，沒有特殊的意義，所以它們覺得和其他成員在一起會很無聊，也不想參加聚會。為什麼會有這種狀況呢？那是因為先有語言才有文字，有些人們口頭上已經說習慣的語言在要造字的時候，卻發現除了類別之外，找不到其他的符號可以表示屬於這個語言的意義，所以就找了一個發音相同或相近的符號，跟這個類別搭配構成一個字囉！還有一些太小的家族覺得成員太少、不好意思參加這種盛會，便先跟我打招呼說要去家族旅行了，你以後或許會在某個角落或沙漠遇見它們，所以在這裏請允許它們缺席吧！

　　另外，在這套《字的家族》裏，我還請來一位已經雲遊四海四千多年的「倉頡大仙」來陪伴小朋友們學習中國文字，相信小朋友們一定很想知道倉頡大仙是個怎樣的人？其實嚴格說來，倉頡大仙已經不是「人」了，因為他早就成「仙」了嘛！我們請倉頡大仙先上台作個自我介紹……

各位小朋友大家好

我是倉頡大仙，今年已經四千五百多歲了，這年齡好像有點……「大」對不對？不過比起那個造人的女媧娘娘，我可是小巫見大巫哩！咳～有點離題了是不是？請小朋友原諒老爺爺見過的人、知道的事太多，有時扯起來就是會沒完沒了……

還是來說說中國文字吧！想當年我還是一個年輕俊俏的小伙子，那時我可真是意氣風發呢！因為我當了黃帝的史官……什麼？不知道「史官」是什麼？我想想噢！我當時做的工作，就是把黃帝做了什麼事、國家發生什麼大事記載下來，這大概就是史官的工作囉！咦？我看到有個聰明的小朋友舉手問我問題了！什麼？你要問我是怎麼「記載」下這些事嗎？這可問到重點了！

以前沒有文字的時候，這可是個大麻煩！想當年還是流行「結繩記事」，那真不是一種好法子。為了一個繩結是一隻兔子還是一頭牛，黃帝和蚩尤還吵起來差點打架呢！蚩尤是誰？那是一個大壞蛋！以後我有時間再告訴你們蚩尤的故事……

我為了可以清楚地把國家大事記載下來，每天從早到晚都在想辦法。有一天我走到河邊正煩惱的時候，突然看到鳥獸在地上留下來的痕跡，那時我靈光一閃，就照着那些痕跡來畫簡筆圖，就有了像「爪」這樣的字，然後我抬起頭來看到河川在流動，又讓我畫出了「川」字，再往上看，又看到了「山」、「木」、「云」、「日」……於是，越來越多的文字就這麼被我創造出來了！很有趣吧！你現在發現原來中國文字最古早的時候是從圖畫變來的吧！

後來，文字繁衍得越來越多，把它們分門別類之後，就是你馬上要看的《字的家族》啦！以後我會在每個「家族」裏出現，告訴小朋友更多知識和故事噢！謝謝各位捧場，我們以後見！

力 的家族… 8

刀 的家族… 14

子 的家族… 24

女 的家族… 28

巾 的家族… 41

口 的家族… 45

亻 的家族… 51

寸 的家族… 57

弓 的家族… 60

欠 的家族… 65

歹 的家族… 69

止 的家族… 73

戈 的家族… 76

殳 的家族… 80

皿 的家族… 84

田 的家族… 89

示 的家族… 93

广 的家族… 100

衣 的家族… 111

糸 的家族… 119

舟 的家族… 131

酉 的家族 ⋯ 160

辛 的家族 ⋯ 165

邑 的家族 ⋯ 168

走 的家族 ⋯ 172

車 的家族 ⋯ 176

門 的家族 ⋯ 181

食 的家族 ⋯ 185

行 的家族 ⋯ 134

网 的家族 ⋯ 137

見 的家族 ⋯ 141

言 的家族 ⋯ 144

文字小博士 ⋯ 190

文字小博士答案 ⋯ 206

全書文字索引 210

力的家族

「力」在甲骨文中畫的是人用力時浮出皮膚表面的筋，跟體力、力氣有關的字，大多有一個「力」偏旁。

jiā
加
力 + 口

增添

- 「力」和「口」組合起來就是指有力量的口。由嘴巴說出來的話具有增加原本狀況的效用，譬如好的就讚美得更好，壞的就詆毀得更壞。

- 加入、加強、加油添醋、雪上加霜、變本加厲

gōng
功
工 + 力

所做的事情；成效

- 「工」是工匠用來測量線條是否水平的「水平儀」，引申有規矩、標準的意思。而致力去做符合規矩的事跡，便是「功」。

- 功勞、功課、功成身退、功敗垂成、歌功頌德

liè **劣** 少 + 力	**低下、極壞的** ● 人的力量少則氣短，通常無法奮發圖強，因此地位常是低下的。 ● 劣等、低劣、卑劣、劣根性 
jié **劫** 去 + 力	**用武力威脅或搶奪別人的財物；災難** ● 用武力或強力使人想離去卻不得離去，就是「劫」，後來引申有「災難」的意思。 ● 劫難、搶劫、打家劫舍、趁火打劫、萬劫不復
zhù **助** 且 + 力	**幫忙；有益的** ● 「且」的本義是神主牌。古人遇到大事都會祈求祖先顯靈保佑、助他們一臂之力。 ● 助理、幫助、拔刀相助、揠苗助長、愛莫能助
nǔ **努** 奴 + 力	**勤奮、用力** ● 「奴」指奴隸。奴隸為主人做事必須非常勤奮，否則便會招來處罰。 ● 努力、努嘴 

yǒng **勇** 甬 + 力	### 有膽量、敢做敢當

- 「甬」的本義是指草木的花朵旺盛地開着，加上「力」偏旁便表示這力量與膽量就像旺盛開放的花朵一樣。

- 勇氣、奮勇、見義勇為、急流勇退、智勇雙全

bó **勃** 孛 + 力	### 旺盛的

- 「孛」本義是形容草木叢生，加上「力」偏旁便是強調草本叢生的力量是很旺盛的。

- 蓬勃、勃然大怒、朝氣勃勃、雄心勃勃、興致勃勃

miǎn **勉** 免 + 力	### 盡力、努力

- 「免」在這裏是「兔」的省略。兔子逃脫了，則要盡全力去追捕。

- 勉強、勉勵、期勉、嘉勉、勉為其難

jìn **勁** 巠 + 力	### 氣力、堅強的力量

- 「巠」的本義是水脈，加上「力」偏旁便是強調水向前衝擊的強大力道。

- 使勁、起勁、勁敵、強勁、幹勁

kān
勘
甚 + 力

核對；調查

- 「甚」字含有超過、過分的意思。當核對或調查事物時，必須比平常更加細心盡力。

- 勘查、勘誤、勘驗、探勘

dòng
動
重 + 力

行為；操作

- 「重」是「輕」的相反，有穩健持重的意思。而人一旦要有所行動，便要努力、穩健地去做。

- 動作、動聽、動畫、大動肝火、不為所動

láo
勞
𤇾 + 力

做事有功；辛勤

- 「𤇾」在這裏是「熒」的省略，表示火燒房子的意思，加上「力」偏旁便表示當人們看到屋子着火時，一定要盡力撲救。

- 勞力、勤勞、一勞永逸、舟車勞頓、徒勞無功

qín
勤
堇 + 力

盡力不斷地做

- 「堇」是一種黏土，可以耐寒耐旱，利於播種百穀，因此有能耐的意思，加上「力」偏旁便表示盡全力去完成。

- 勤勞、勤快、克勤克儉、勤能補拙、勤政愛民

權力；機會

- 「埶」在這裏是「藝」的省略，有種植的意思。種植植物便會生根發芽、逐漸繁衍，再加上「力」偏旁，便表示權力擴張。

- 勢力、氣勢、人多勢眾、虛張聲勢、勢均力敵

有功績的

- 「熏」本義是火煙往上沖。火煙往上沖則容易被人所見，就像致力為朝廷立功的人，功績也容易為人所見一樣。

- 功勳、勳章、勳爵

努力；勤勉

- 「勵」字本來寫作「勱」，而「萬」是很大的數，旁邊加上「力」，便是強調要自我鞭策、盡最大的能力去做事。

- 鼓勵、獎勵、激勵、勵志、勵精圖治

勉勵；用言語說服他人

- 「雚」在這裏是「鸛」的省略。「鸛」是一種長得像鶴的鳥，常常逆水捕魚吃，非常辛苦，引申有力爭上游的意思，加上「力」偏旁更有勉勵人向上、向善的意思。

- 勸勉、勸說、勸告、勸架、奉勸

ＱＱ小站

有個爸爸把兒子叫到跟前來，先是拿起一枝筷子很輕易地折斷它，然後又拿起一把筷子來折，這次卻折不斷了。請問這個爸爸想傳達什麼道理給兒子？

刀 的 家 族

「刀」是指可以用來切割東西的器具,跟刀子、切割等活動有關的字,大多有一個「刀」偏旁,當作部首時寫成「刂」。

rèn

刃

刀 + 丶

刀口最鋒利的部位

● 這字很有趣,在刀口最鋒利的部位點上一點,就點明了刀子的鋒利特色。

● 白刃、利刃、兵不血刃、迎刃而解、游刃有餘

qiē

切

七 + 刀

割斷

● 「七」在小篆中,畫的就像「十」被割斷的樣子,再加上「刀」偏旁便強調這是用刀子割斷的。

● 切斷、切割、切除、迫切、切合

kān

刊

干 + 刂

刻;印刷品

● 「干」含有侵犯的意思。拿着刀子去侵犯別的物體,便是「刊」。「刊」本義是削除,古人將文字刻在竹片上,便是把不要的部分削除掉,後來引申為印刷品的名稱。

● 刊物、刊登、書刊、報刊

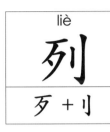

布置安排

- 「歹」的本義是已剔除肉的殘骨，加上「刀」偏旁便表示分解殘骨，所以「列」的本義便是分解。分解後將同樣類別的東西放在一起，因此引申有分別、安排的意思。

- 列國、列席、並列、排列、名列前茅

罰罪的總稱

- 「开」是由兩個「干」所組合成的，有齊平的意思，加上「刀」偏旁則表示用刀將罪人的頭砍至與肩齊平。

- 刑法、刑責、刑警、嚴刑峻法

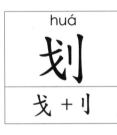

撥動水流讓東西前進

- 「戈」是一種兵器，有進擊的意思。而槳的形狀像刀，所以用槳擊水，利用水流的反作用力讓船前進，就是「划」。

- 划算、划船、划槳、划不來、划得來

用刀割斷脖子

- 「勿」的本義是旗子，引申有飄動、動盪的意思。而頸是人用來承受頭重量的部位，假若用刀子割斷頸，則頭也會搖動掉落。

- 自刎、刎頸之交

pàn **判** 半 + 刂

斷定

- 拿刀子將一個東西分成兩半，便有分別的意思。

- 判決、判斷、研判、裁判、判若兩人

bié **別** 另 + 刂

區分；離開

- 「另」在古文中畫的是被剔除肉的骨頭，加上「刀」偏旁表示這骨頭已被刀分解乾淨，所以「別」的本義便是分解，後來引申有分離的意思，因為把肉從骨頭上剔除便是肉與骨頭分離了。

- 別針、別離、另當別論、別出心裁、別有洞天

shān **刪** 冊 + 刂

把沒用或不好的除去

- 「冊」是指書冊，是刊刻文字在上頭的東西，加上「刀」偏旁表示要把刊刻在書冊上的文字先做一番淘汰，將不好或沒用的部分除去，然後再謹慎地用刀將菁華的部分刻在書冊上。

- 刪改、刪節、刪除、刪減、刪去

lì **利** 禾 + 刂

鋒銳的；好處；財

- 拿刀子去割稻禾，相對的刀子是很鋒利的器具，很容易就可以把稻禾割斷，而被割下的稻禾也可以拿去換取金錢，所以「利」也有財的意思。

- 牟利、便利、利令智昏、利慾熏心、短視近利

bào
刨
包 + 刂

削

- 「包」有包裹的意思。拿刀子將被包裹起來的東西一層一層地削去，便是「刨」。

- 刨土、刨絲、刨碎、刨木頭

kè
刻
亥 + 刂

雕鏤

- 「亥」指的是豬。豬有用鼻子拱地不斷前進的習慣；而拿刀子來雕刻東西也要不斷地前進。

- 時刻、一刻千金、刻不容緩、刻舟求劍、刻畫入微

刀

17

quàn
券
关 + 刀

可作為憑證的東西

- 「关」本義是用兩隻手緊握飯糰，有緊握在手不放之意。而「券」是古代的契約，刻在竹片上用刀分成兩半，雙方各持一半作為憑據，是很重要、須緊握在手好好保管的東西。

- 獎券、禮券、入場券、勝券在握、穩操勝券

shuā
刷
刷 + 刂

去除污垢

- 「刷」的本義就有去除污垢的意思，加上「刀」偏旁表示要徹底清除，像用刀子刮過一樣乾淨。

- 牙刷、沖刷、刷洗、刷新、印刷品

用尖銳物戳入別的物體中

cì

刺

束 + 刂

- 「束」的本義就是會刺人的木芒，加上「刀」偏旁表示用刀像木芒一樣去刺傷別人。

- 刺激、刺繡、刺蝟、諷刺、芒刺在背

抵達

dào

到

至 + 刂

- 「至」的本義有到達的意思，加上「刀」偏旁表示速度就像鋒利的刀割物一樣快。

- 到處、報到、水到渠成、手到擒來、點到為止

用刀口平削

guā

刮

舌 + 刂

- 拿着刀子將舌頭上的雜物削除，讓它能夠保持平潔，便是「刮」。

- 刮痕、刮傷、搜刮、刮目相看

裁斷；法度

zhì

制

帇 + 刂

- 「帇」在古文畫的是樹木枝幹。用刀子將枝幹折下，則有將樹枝從樹幹裁斷的意思。

- 克制、制伏、制止、出奇制勝、因地制宜

tì
剃
弟 + 刂

用刀去掉毛髮

- 「弟」有次第的意思。用刀剔除毛髮時，必須依照次第來削除。
- 剃刀、剃頭、剃髮、剃度、剃光頭

kè
剋
克 + 刂

通「克」，勝；制、約束

- 「克」有致勝的意思。拿刀與敵人殺戮，目的在於致勝，所以「剋」的本義就是殺敵致勝。
- 剋星、相剋、相生相剋

zé
則
貝 + 刂

法度；標準

- 「貝」是古代的一種貨幣；而「刀」含有劃分、區別的作用。貝依大小質地差別而有不同價值，因此必須區分開來，讓交易有所憑據、不會產生混淆。
- 原則、法則、準則、以身作則

pōu
剖
咅 + 刂

從中間割開；分析

- 「咅」是「㕻」字最早的寫法，是指向說話者吐口水、不接受，因此有兩不相合之意。而拿刀子將物體從中間割開，也有使物體一分為二、兩不相合的意思。
- 剖白、剖開、剖面、剖析、解剖

刀

tī

剔

易 + 刂

把骨頭上的肉刮除；把不好的去掉

- 「易」含有變化、變易的意思。用刀將肉從骨頭上刮除，則肉就會與骨頭分離，而使原狀產生了變化。

- 剔透、剔除、剔牙、挑剔

gāng

剛

岡 + 刂

堅強

- 「岡」是指山脊。山脊通常險峻陡峭，再加上「刀」偏旁表示如剛直的刀脊一般堅強。

- 剛強、剛勁、以柔克剛、血氣方剛、剛愎自用

jiǎn

剪

前 + 刀

用兩刀合成，可以裁斷東西的工具

- 「前」有前進的意思。而拿剪刀剪物必須要使刀前進。

- 剪貼、剪輯、剪影、剪綵、剪接

gē

割

害 + 刂

切斷

- 用刀去切斷物體，則一定會對原物造成傷害。

- 切割、割捨、割除、割愛、任人宰割

chuàng

創

倉 + 刂

傷

- 「倉」是囤積穀物的地方，遇到需要賑災的時候，就必須將穀物全數拿出賑災。而人被刀所傷，則血肉就會迸出，就像倉庫內的穀物被取出一樣。
- 創作、創辦、創業、開創、獨創一格

jiǎo

剿

巢 + 刂

用武力消滅

- 「巢」是鳥獸居住的地方。拿着刀子入侵鳥獸居住的地方，就是要將牠們趕盡殺絕。

- 圍剿、清剿

huà

劃

畫 + 刂

分開、分界

- 「畫」是拿筆將田界的四周劃開，有區分的意思，再加上「刀」偏旁便是強調劃開、區分的這個動作。
- 企劃、計劃、規劃、策劃、劃地為王

pī

劈

辟 + 刀

用刀斧等破開

- 「辟」是古代的死刑。遭遇死刑則一切破滅，就像拿刀斧去破開物體一樣，會使物體無法保持原形。

- 劈柴、天打雷劈、劈頭蓋臉

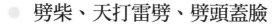

極、很

- 「豦」是兩個人互相糾纏爭鬥,加上「刀」偏旁,表示兩個人就像拿着刀在爭鬥一樣,皆使盡全力互不相讓,因此有極盡的意思。

- 劇本、悲劇、話劇、編劇、惡作劇

兩面均有刀刃的兵器

- 「僉」含有皆的意思;而「刂」在這裏是「刃」的省略,表示這是兩面皆有鋒利刀刃的兵器。

- 寶劍、刀光劍影、口蜜腹劍、劍拔弩張、劍及履及

砍斷

- 「會」有相合的意思。拿起刀子與物體相合,就是指用刀子將物體砍斷。

- 劊子手

ji

劑

齊 + 刂

調和；計算藥的量詞

- 「齊」有齊平的意思，加上「刀」偏旁表示像用刀子削過一樣齊平。而調配藥品時，也是每一劑藥的分量都要齊平計量。

- 溶劑、調劑、劑量、藥劑、防腐劑

你知道為什麼製刀劍時，要經過水和火的淬煉嗎？

子 的 家 族

「子」是用布把嬰兒包裹起來,只露出頭和兩隻小手,跟小孩、生育有關的字,大多有一個「子」偏旁。

kǒng

孔

子 + し

洞穴;通達

● 「し」在金文中畫的是一個乳頭,乳頭上有小孔穴,可以讓乳汁順暢地流出,這樣嬰兒就能順利地吸到奶水了。

● 面孔、鑽孔、千瘡百孔、孔武有力、無孔不入

yùn

孕

乃 + 子

懷胎

● 這個字從甲骨文來看十分有趣,畫的是一個婦人肚子裏懷有胎兒的樣子。「乃」有初的意思,而胎兒是人來到世上最初的樣子。

● 孕婦、孕育、孕期、身孕、懷孕

cún

存

扌 + 子

在;保留

● 「扌」在小篆畫的是「才」的形體,「才」是草木初生的樣子,幼苗非常稚嫩,需要特別保護;而人剛出生時也像初生的草木一樣,要特別保護,長輩也會保留多一點的愛給剛出生的小嬰兒。

● 生存、存在、去蕪存菁、名存實亡、求同存異

gū
孤
子 + 瓜

失去父親的孩子

- 「瓜」是藤蔓植物所結的果實，通常單獨地長在蔓葉下，所以有孤獨的意思；而失去父親庇佑的小孩也是孤單的。

- 孤獨、孤僻、孤芳自賞、孤陋寡聞、孤掌難鳴

兄弟中排行最後的

- 「禾」是美好的稻穀。父母對幺兒通常都會投注最多的關愛，希望能夠把他培育成像美好的稻穀那樣優秀。

- 季風、季節、季軍、雨季、四季如春

hái
孩
子 + 亥

幼童

- 「孩」字的本義是小孩的笑聲，因為小孩的笑聲和大人的不大一樣，小孩笑聲和「亥」音很像。

- 小孩、女孩、男孩、孩童、嬰孩

兒子的兒子

- 「系」有聯繫的意思。由兒子生出、和自己有直接血緣聯繫關係的，便是兒子的兒子，也就是孫子了。

- 孫子、兒孫、名落孫山、含飴弄孫、徒子徒孫

fū
孵
卵 + 孚

鳥類伏在卵上，讓卵內的胚胎成長

- 其實「孚」字就已經可以完整表示孵蛋的意思了，「孚」是由「爪」和「子」組成的，鳥類孵蛋會用爪子翻動蛋，讓蛋的溫度受熱均勻，為了更強調所孵的是蛋，就在「孚」的旁邊加上「卵」字來強調。

- 孵蛋、孵化、孵育、孵化期

xué
學
𦥑 + 子

覺悟；受教育的場所

- 「𦥑」有用兩手將蒙蔽的東西拿掉的意思。小孩進學校接受教育，就是要將蒙蔽思想的東西去掉，所以「學」有覺悟的意思。

- 學生、學校、邯鄲學步、學以致用、學非所用

rú
孺
子 + 需

小孩子

- 「需」在這裏是「懦」的省略。小孩子懂的東西並不多，所以易受到驚嚇，個性較懦弱。

- 孩孺、婦孺、孺子可教

niè

孽

薛 + 子

罪惡；禍害

- 「薛」有罪的意思。古代的姜是有罪的女子，所以只能擔任侍奉人的職務，而妾室所生下來的兒子便稱為「孽子」，這是因為孽子長大後容易心懷不平，常常會危害正室所生的嫡子，所以「孽」便有禍害的意思。

- 冤孽、造孽、罪孽、餘孽、孤臣孽子

luán

孿

繺 + 子

雙胞胎

- 「繺」有連綿不絕、接續着的意思，下面加上「子」，便表示是由同一胎接續生下來的小孩，也就是雙胞胎。

- 孿生、孿生子

Q Q 小 站

　　你有看過「雙胞胎」嗎？雙胞胎是不是長得一模一樣？個性、想法也一樣呢？

女的家族

「女」在甲骨文中畫的是一個女人低着頭、雙手交叉跪坐的姿態。古代以男性為權力中心，所以跟女性的稱呼、特徵、性情或卑賤的身分、不好的心思與行為有關的字，大多有一個「女」偏旁。

nú

奴

女 + 又

供人使喚的人

- 「又」在甲骨文中畫的是手的樣子，加上「女」偏旁表示奴婢要用手不停地做事。

- 奴僕、奴隸、奴役

nǎi

奶

女 + 乃

乳房

- 「乃」有初的意思，嬰兒來到世上最早接觸的重要東西，就是母親的乳房。

- 牛奶、奶瓶、奶油、鮮奶

wàng

妄

亡 + 女

胡來、亂來

- 「亡」有逃的意思。人做了不正大光明的事之後，就會想逃避責任。

- 妄想、妄自菲薄、無妄之災、輕舉妄動、膽大妄為

jiān

奸

女 + 干

虛偽、狡猾

- 「干」字有犯的意思。做了侵犯、不合禮法的事,便是「奸」。

- 奸細、奸險、老奸巨猾、姑息養奸、狼狽為奸

fēi

妃

女 + 己

皇帝的配偶,地位次於皇后,或是太子、諸侯的配偶

- 「己」是自己,也就是我的意思。選擇一個跟我相稱、合適的女人來當我的配偶。古代權勢最大的就是皇帝和諸侯王等,所以這個字便用來專指這些人的配偶。

- 王妃、妃子、貴妃、嬪妃

hǎo

好

女 + 子

美、善

- 「子」是古代對男子的美稱,而女人的性情大多恬靜柔順,所以會把「女」與「子」放一起,便表示很美好。

- 好處、好人、不懷好意、求好心切、好事多磨

依照、隨、從

- 女人的性情和順，未出嫁時要順從父親的教導；出嫁之後要順從丈夫的命令，所以便在「女」旁加上「口」，表示順從口出命令的人。

- 如果、譬如、表裏如一、揮金如土、賓至如歸

怨恨別人比自己好

- 「戶」是門的一半。妻妾在爭寵的時候，心胸就像半開着的門一樣，不能容忍別人比自己好。

- 妒忌、妒婦、嫉妒、嫉賢妒能

阻礙；損害

- 「方」是兩條小船併在一起的樣子。凡是兩相併合的，便會受到對方的牽制，無法單獨自由地去做個別想做的事。

- 不妨、何妨、妨礙、妨害、無妨

從事歌舞或賣淫的女子

- 「支」在此是「技」的省略，「技」是技藝，例如歌舞等，妓女用歌舞或身體取悅客人。

- 妓女、歌妓、藝妓

美好的；奇巧的

- 少女內心純真、外表秀麗，給人的感覺是非常美好的。
- 妙計、妙筆生花、妙語如珠、妙趣橫生、妙手回春

指一切怪異反常會害人的東西

- 「夭」有不正的意思。心思或行為不正，便會異於常態而危害別人。
- 妖怪、妖孽、妖精、妖魔鬼怪、妖言惑眾

男子的側室，俗稱「姨太太」

- 「立」在這裏是「辛」的省略，「辛」有罪的意思，有罪的女子不能當正室，只能從事雜役服侍主人。
- 臣妾、妾身、三妻四妾

男子的合法配偶

- 「⺺」是用手拿中（草），草是往上生長的，引申有上進的意思。妻子是能與丈夫互相匹配、並能一同上進的女人。
- 夫妻、妻子、妻離子散、賢妻良母、糟糠之妻

稱同父母或親戚中年紀比自己小的女子

- 「未」有不足的意思；而妹妹的年齡比兄姐幼小，也有不足的意味。

- 兄妹、妹妹、妹夫、表妹、師妹

丈夫的母親；稱父親或丈夫的姐妹

- 「古」有年代久遠的意思。而「姑」字最早是稱呼丈夫的母親，也就是婆婆，婆婆的年紀大多比媳婦大很多，所以便在「女」旁加上「古」來表示年紀較大的女人。

- 姑丈、姑母、姑娘、小姑獨處、姑息養奸

稱同輩分而年齡比自己大的女子

- 「且」在甲骨文中畫的是神主牌的樣子，有祖先的意思。古代的蜀地人稱呼自己的母親為「姐」，指孩子是由母親孕育生產出來的，承續着這個家族的血統。後來這個本義因為不常用，便引申稱年齡比自己大的女子為「姐」。

- 小姐、姐妹、姐夫、姐姐、表姐

開頭、最初

- 「台」在這裏是「怡」的省略，「怡」有喜悅的意思，人最初來到世上是經由母親孕育生產出來的，而母親也是懷着喜悅的心情來迎接這個小生命的。

- 始末、開始、始料未及、始作俑者、貫徹始終

xìng

姓

女 + 生

表明個人所屬家族系統的字

- 姓氏是用來區分不同家族，母親一生下孩子，這個孩子便擁有了這個家族的姓氏。

- 百姓、姓名、姓氏、指名道姓、隱姓埋名

zī

姿

次 + 女

容貌；形態

- 「次」在這裏是「資」的省略，資質高的人往往也具有優秀的才能，因此「姿」的本義便是表示具有才藝的女子。

- 姿態、千姿百態、丰姿綽約、多姿多采、搔首弄姿

yí

姨

女 + 夷

母親或妻子的姐妹

- 「夷」是我國古代東部民族之一，跟中原人比起來，有大同（同為人）小異（中原與四夷的差別）的意味。就像母親或妻子的姐妹對丈夫來說，也是大同小異（有姻親關係，無血緣關係）一樣。

- 阿姨、姨母、姨丈

wá

娃

女 + 圭

小孩；美女

- 「圭」是一種精美的玉。而天真無邪的小孩或窈窕美麗的女子都是很美好的。

- 娃兒、娃娃、嬌娃、洋娃娃

男女結成夫婦

- 「因」含有順從、依賴的意思。女子嫁給男子結為夫婦，此後便要順從、依賴丈夫。

- 姻親、姻緣、婚姻、聯姻

奸詐；不正當的男女行為

- 古代以男性為權力中心，所以有重男輕女的現象，認為女人心地狹窄、喜歡以色誘人，所以三個女人聚在一起，一定會有不好的想法。

- 姦淫擄掠、作姦犯科

尊嚴；強大的力量

- 「戌」是拿着戈（兵器）去殺人，旁邊的女子看到這幕非常畏懼，所以「威」的本義就是畏，引申以強大的力量或刑罰讓人畏懼。

- 威風、作威作福、威震八方、虎假虎威、耀武揚威

美好

- 「肙」是一種體型圓潤的小蟲，而少女又以肌膚圓潤、有曲線為美好。
- 娟秀、娟美、娟麗

娟 juān
女 + 肙

趣味、樂趣

- 「吳」有喧譁的意思，而女性比較容易引起歡欣的氣氛，當人們聚在一起玩樂時，常會製造出喧譁的聲音。
- 娛樂、歡娛、自娛娛人、綵衣娛親

娛 yú
女 + 吳

溫和、和順

- 「宛」有曲的意思，女人的性情和順，大多會曲謹順從他人的意思。
- 婉約、婉拒、婉謝、婉轉、溫婉

婉 wǎn
女 + 宛

已婚的女子

- 「帚」是掃帚，女子成婚後便要拿掃帚操持家務、侍奉丈夫與公婆。
- 婦女、婦人、寡婦、夫唱婦隨、婦人之仁

婦 fù
女 + 帚

qǔ

娶

取 + 女

男子取女為妻

- 「取」有獲得的意思。娶妻就男方而言，等於多得到一個女子。

- 迎娶、嫁娶、娶妻、娶親、娶媳婦

chāng

娼

女 + 昌

妓女

- 「昌」有說好話的意思。妓女為了要取悅客人，通常會講一些客人喜歡聽的話。

- 娼妓、男盜女娼、逼良為娼

bì

婢

女 + 卑

供人使喚的女侍

- 「卑」字有低下的意思，而婢女的身分也是很卑微、低下的。

- 婢女、奴婢、奴顏婢膝

hūn

婚

女 + 昏

男女結成夫婦

- 古代嫁娶的時辰都選擇黃昏時進行，所以便在「女」旁加上「昏」來指出適合嫁娶的時刻。

- 訂婚、婚禮、婚事、婚姻、新婚燕爾

tíng
婷
女 + 亭

美好挺拔的樣子

- 「亭」有高的意思，女人的容貌大多秀美，所以在「女」旁加上「亭」，便表示美好、挺拔。

- 娉婷、裊裊婷婷

mèi
媚
女 + 眉

美好；取悅、討好

- 眉目是最容易傳達情意的部位，而容貌美麗的女子也極容易取悅別人。

- 明媚、柔媚、媚外、諂媚、千嬌百媚

méi
媒
女 + 某

婚姻介紹人

- 「某」在這裏是「謀」的省略。媒人的工作就是要把適合的男女雙方謀合在一起。

- 媒人、傳媒、多媒體、媒妁之言、明媒正娶

yuán
媛
女 + 爰

美女

- 「爰」有引的意思，容貌美麗的女子是每個男子都想引為賢內助的對象。

- 名媛、令媛

哥哥的妻子

- 「叟」是用一隻手拿着火把的樣子。最原始的人住在洞穴中，掌管火把燃滅的通常是身分地位較高的，所以「叟」字引申有尊長的意思，而嫂嫂通常是弟妹們尊敬的對象。
- 嫂子、大嫂、兄嫂、姑嫂

女子離開娘家到夫家成婚

- 女子嫁人之後，便要以夫家為自己的家。
- 嫁妝、嫁禍、陪嫁、嫁接、為人作嫁

懷恨別人比自己強

- 「疾」有憎惡的意思。古人認為女人心胸狹窄，常常為了一點小事就憎惡別人。
- 嫉妒、嫉恨、嫉惡如仇、憤世嫉俗

對人或事物不滿意

- 「兼」有併的意思，引申有貪多的意味。當一個人貪多的時候，其他人的心裏就會不高興，因而產生嫌棄的心態。
- 涉嫌、嫌棄、嫌犯、嫌隙、嫌惡

兒子的妻子

- 「息」有生生不已的意思，而娶妻的目的就是為了要繁衍家族的人丁，讓家族可以生生不息地興旺下去。

- 兒媳、姪媳、婆媳、媳婦、童養媳

美好

- 「喬」是指高而曲的樹木。女子身材修長且性情隨和，便是極為美好的。

- 嬌美、嬌貴、嬌滴滴、金屋藏嬌、嬌生慣養

剛生出來的小孩

- 古代女子常常把貝類串在一起當作飾品、繫掛在身上；而剛出生的小嬰兒也是常常繫掛在母親心上的寶貝。

- 育嬰、嬰孩、嬰兒、嬰兒車

寡婦、死了丈夫的婦人

- 古代婦人沒有獨自謀生的能力，大多依靠丈夫生存，所以要是丈夫去世，不論在處境或心境上，都像跌到霜雪中一樣寒冷。

- 遺孀、孀婦、孀居

倉頡大仙講古

【媧】你知道人是怎麼造出來的嗎？中國有「女媧造人」的神話故事，傳說女媧是一個蛇身人頭的神仙，有一天祂覺得天地間空空洞洞的很無聊，便用黃土來捏成像自己的人形，這些小土人一放到地上就有生命會活動了，女媧覺得這樣一個一個捏實在太慢，所以便拿一根繩子往泥水裏一甩，馬上就有許多小泥人誕生了。不過你想也知道，用手做的小土人當然是比小泥人數量少且精緻，所以人類便有了聖賢、愚智的差別，而聖賢與聰明人當然只佔所有人類的少數。

QQ小站

看了「女媧造人」的故事，假如你也擁有創造萬物的能力，你會想創造什麼出來？為什麼？

巾 的 家 族

「巾」是布，跟布類有關的字，大多有一個「巾」偏旁。

bù

布

ナ + 巾

棉麻等織物

- 「ナ」在這裏是「父」的省略。父親是一個家庭的家長，而布帛是做衣服的主要材料，地位就像家長一樣重要。

- 布局、抹布、布衣之交、星羅棋布、開誠布公

xī

希

爻 + 巾

少

- 「爻」是縱橫交錯的花紋。古代女子用來遮蓋在臉上的網巾花紋就是交錯的，而這種網巾通常是用葛類植物的纖維製成，葛是比較稀有的植物，所以「希」有少、寡的意思。

- 希望、希冀、希求、希臘

tiè

帖

巾 + 占

妥當

- 「占」在這裏是「佔」的省略，有止的意思。「帖」的本義是絲質的書籤，看書看到一個段落將書籤夾在書頁裏，方便下次看書時翻找，引申有妥當的意思。

- 帖子、字帖、法帖、請帖

帛 bó
白 + 巾

絲織品的總稱

● 「白」有素色的意思，而帛是素面、沒有紋彩的絲織品。

● 帛書、絹帛

倉頡大仙一點靈

古人把文字刻在竹簡上，到了戰國時期，則開始把文字書寫在帛上，不過帛是一種很珍貴的絲織品，因此通常只有貴族或富有的人才能這麼奢侈地用帛書寫。

巾

42

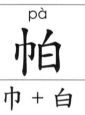

帕 pà
巾 + 白

頭巾；小方巾

● 「帕」的本義是搭在額頭前的頭巾。而「白」有潔白的意思，頭巾搭在額前應該潔淨才能讓人看了心怡、舒服。

● 手帕、絹帕、書帕

帶 dài
㠯 + 帬

繫衣服的條狀物

● 「㠯」是束在腰上的帶子，中間還可以看到打結的形狀。而「帬」則是由兩個「巾」組成，表示這帶子是由兩端相併結成的。

● 帶動、帶領、拖泥帶水、沾親帶故、連本帶利

zhàng

帳

巾 + 長

掛在牀上的遮幕

● 掛在牀上的遮幕必須是長的布巾，才能有遮蓋的效果。

● 帳篷、營帳、秋後算帳

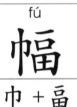

fú

幅

巾 + 畐

布帛的寬度

● 「畐」有滿的意思，指縱橫都達到極限，加上「巾」偏旁則用來表示布帛的寬度極限。

● 幅度、幅員、振幅、篇幅、不修邊幅

mào

帽

巾 + 冒

戴在頭上的冠

● 基本上「冒」字就已經看得出是一個人戴帽子遮到眼睛上方，再加上「巾」偏旁則是強調這帽子是用布帛做成的。

● 帽子、草帽、衣帽間、戴高帽

bì

幣

敝 + 巾

財貨

- 「敝」在這裏是「蔽」的省略，有遮蔽的意思。而「幣」的本義是束集在一起的布帛，下方的布帛往往會被上方的布帛所遮蔽住，古代以物易物，因此布帛也是一種有價值的財貨。

- 幣值、硬幣、金幣、紙幣、外幣

bāng

幫

封 + 帛

輔助

- 古代的鞋大多用麻編成，因此鞋邊常縫製布帛來密封，讓鞋子不會散脫掉，也就是俗稱的「鞋幫」，因此「幫」字便有輔助的意思。

- 幫忙、幫助、幫襯、穿幫、腮幫子

巾

44

倉頡大仙講古

【師】【帥】古代軍隊編制和現代不大一樣，古代以五旅為一師、五師為一軍，一師有兩千五百人；而現代的軍隊編制則一師是一萬人左右。至於「帥」則是指軍隊中的最高將領，負責統帥軍隊的行動。

QQ小站

你知道什麼叫「布衣之交」嗎？查查看。

「口」的家族

「口」是將四周封閉包圍起來，跟封閉、包圍有關的字，大多有一個「口」偏旁。

qiú

囚

口 + 人

犯人；拘禁

- 這個字很有趣，將人關在四面包圍起來的空間裏，就是將人拘禁起來、不讓他自由活動了。

- 囚犯、囚禁、階下囚

yīn

因

口 + 大

就、依據；起緣

- 「大」有擴大之意。「口」在這裏表示原來的基址，就着原來的基址加以擴大，所以，「因」便有依據、起緣之意。

- 因為、因此、因陋就簡、因噎廢食、因人而異

huí

回

口 + 口

轉

- 這個字是由兩個「口」組合成的，裏外的「口」都呈現迴轉的樣子，所以「回」的本義就是轉。

- 回來、扳回一城、空手而回、回天乏術、起死回生

kùn
困
口 + 木

受限制；艱難的

- 樹木有向四方生長的天性，現在將樹木包圍在四方封閉的空間裏，它的生長便受到了限制。

- 困苦、脫困、困獸之鬥、坐困愁城、龍困淺灘

完整的

- 「勿」在這裏是「物」的省略。包圍住物體的東西四方無缺，則裏面被包圍住的物體也一定能保持完好、完整。

- 囫圇、囫圇吞棗

堅實；安定

- 「古」有年代久遠的意思，加上四方繞合的「囗」偏旁，更加強調這是堅實、久遠的。

- 固定、牢固、固若金湯、擇善固執、根深蒂固

監獄

- 「令」含有命令的意思。將犯人關在四方圍有高牆的監獄裏，命令他反省改過向善。

- 囹圄

種植蔬菜花果的園地

- 「甫」有美好的意思。在四周圈圍起來的園地裏種植蔬菜花果，因為界線分明，所以種植出來的作物也會更為美好。

- 花圃、菜圃、苗圃

<table>
<tr><td>

yǔ

圄

口 + 吾

</td><td>

牢獄

- 「吾」在這裏是「悟」字的省略。將犯人關在四方圍有高牆的監獄裏，讓他省悟改過自新。

- 囹圄

</td></tr>
</table>

<table>
<tr><td>

quān

圈

口 + 卷

</td><td>

養牲畜的木欄

- 「卷」有捲曲、屈曲不得伸展的意思，加上「口」偏旁表示將牲畜關在四面圍起的木欄中，牲畜的活動當然會受到限制而不得伸展。

- 圈養、豬圈、馬圈、獸圈

</td></tr>
</table>

guó

國

囗+戈+口+一

有土地、人民、主權的政治團體

- 「國」這個字很明白地表示國家的構成要素。「戈」是武器，可用來保衛國土和人民；「口」是人民、人口；「一」是領土；「囗」則表示領土的四周，用界線跟其他外族的地域區分開來，有申明主權不容侵犯的意味。

- 國家、國際、國破家亡、國泰民安、國色天香

lún

圇

囗 + 侖

完整的

- 「侖」有井然有序、整齊完好的意思，加上「囗」偏旁更有使存放在裏面的物體保持完好無缺的意味。

- 囫圇、囫圇吞棗

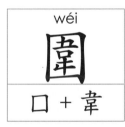

wéi

圍

囗 + 韋

繞

- 「韋」是指已經處理好的獸皮，質地柔軟，很容易裹繞在物體上，加上「囗」偏旁表示利用獸皮的柔軟特性來圍繞住物體。

- 圍捕、圍繞、突圍、範圍、殺出重圍

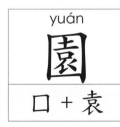

yuán

園

囗 + 袁

種植蔬果樹木的地方

- 「袁」的本義是指寬長的衣服，因此有寬長的意思，加上「囗」偏旁表示種植蔬果的地方必須寬敞，這樣蔬果才能生長良好。

- 園林、園藝、庭園、田園、校園

完全；從中心到周圍的每一點距離都相等的形體

- 「員」的本義是指有圓環形鼎口的鼎，因此有圓的意思，加上「口」偏旁更加強調這個圓是環合沒有缺口的。

- 圓圈、珠圓玉潤、外圓內方、字正腔圓、自圓其說

圓

- 「專」的本義是絡絲架，絡絲架是圓形的，而且可以不斷地旋轉來絡絲，加上「口」偏旁更有將此圓形物圍起來的意味，所以就有了圓的意思。

- 團圓、團隊、謎團、一團和氣、花團錦簇

描繪出人或物的形狀；謀求；計劃

- 「啚」在這裏是「鄙」的省略，古代五百家聚居一處稱為「鄙」，而繞着「啚」四周畫下形狀，就是將版圖畫下來。

- 圖謀、版圖、救亡圖存、按圖索驥、唯利是圖

ＱＱ小站

「圖窮匕見」的成語說的是荊軻刺秦王的故事，你覺得秦始皇到底該不該殺呢？為什麼？

50

彳 的 家 族

「彳」是指連着腳的大小腿，因此跟走路、行動有關的字，大多有一個「彳」偏旁。

---

pǎng
彷
彳 + 方

猶豫不決

- 「方」是併在一起的小船，加上「彳」偏旁，有相併而行的意思。當兩個人相併一起走時，常會因為意見不同，而對行走的方向猶豫不決。

- 彷徨失措

---

yì
役
彳 + 殳

戍守邊疆；戰事

- 「殳」是一種可供守禦的兵器；「彳」有巡行的意思。拿着兵器巡行邊疆，以防止外敵入侵，就是「役」。

- 勞役、奴役、拘役、服役、苦役

---

wǎng
往
彳 + 主

去

- 這裏的「主」在甲骨文畫的是草木向上橫生的樣子，再加上「彳」偏旁更有強調朝上、朝前生長、前進的意思。

- 往來、往事、一如既往、心馳神往、繼往開來

zhēng 征 彳 + 正

討伐；徵稅賦

- 「正」有正當的意思。為了正當理由而行動，便是「征」。
- 征服、征伐、征戰、長征、遠征

fú 佛 彳 + 弗

好像、差不多

- 「弗」是矯正弓的器具，可以將弓的彎曲弧度與強度矯正得跟原來差不多。
- 彷彿

dài 待 彳 + 寺

等候

- 「寺」是古代洽公的場所。而民眾洽公常需要等待，一有呼喚便要馬上大步向前。
- 對待、迫不及待、指日可待、含苞待放、守株待兔

lǜ 律 彳 + 聿

古代審音的標準；法則

- 「聿」是「筆」的古字。凡是有足以為示範作用的，都用筆記錄下來供人遵行，所以在「聿」旁加上「彳」來表示遵行標準、法則。
- 法律、規律、自律、千篇一律、金科玉律

| huái
徊
彳 + 回 | **來去不定的樣子**
● 「回」含有轉的意思。反覆旋轉雖然看似前進了，其實根本沒有前進。
● 徘徊 |  |

| hòu
後
彳 + 夊 | **較晚的；在背面的**
● 「夊」在金文中畫的是被纏住無法順利前進的腳，行走時無法順利地前進，當然會落後。
● 後來、不落人後、先斬後奏、爭先恐後、後生可畏 |  |

| tú
徒
彳 + 走 | **步行**
● 「走」已經有走路的意思，再加上「彳」偏旁就更強調是在步行。
● 徒然、徒弟、徒勞無功、徒有虛名、家徒四壁 |  |

| jìng
徑
彳 + 巠 | **步道、小路**
● 「巠」是地下的水脈，也就是水道，加上「彳」偏旁便表示這是可以讓人走在上面的道路，即是步道。
● 小徑、直徑、捷徑、另闢蹊徑、曲徑通幽 | |

獲取

- 「寻」在甲骨文裏畫的是一隻手拿着貝類。貝類是古代的貨幣之一，是有價值的東西，而想獲取有價值的東西當然必須靠行動，因此便加上「彳」偏旁來強調行動力。
- 得到、獲得、逼不得已、得不償失、得天獨厚

遷移

- 「走」在甲骨文裏畫的是兩隻腳一前一後地走着，加上「彳」偏旁，更加強調了行走的急迫性，後來引申為「遷移」，也同樣有急迫的意味。

- 徙居、流徙、遷徙、曲突徙薪、東遷西徙

跟隨

- 「從」字在甲骨文裏畫的就是兩個人前後相從的樣子。現在「㕛」的上半部還保留兩個「人」，下半部則是「足」的省略，加上「彳」偏旁，強調後面那個人跟隨着前面那個人的足跡往前走。
- 服從、盲從、力不從心、言聽計從、禍從天降

駕駛馬車

- 「卸」是指將馬與車箱卸除分開的意思。不論將馬跟車箱裝上或卸除，都是駕馭馬車的人必須做的工作，旁邊加上表示行動的「彳」偏旁，便指明這輛馬車是正被駕駛着。

- 統御、御旨、御用、御駕親征

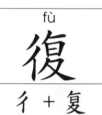

又、再

- 「复」的甲骨文畫的是一隻腳上面有一個裝食物的器皿，比喻人為了填飽肚子必須不斷地奔波忙碌，再加上「彳」偏旁，更強調了再一次、不停地來回走的意思。

- 復古、復蘇、失而復得、死灰復燃、萬劫不復

依照、遵守

- 「盾」是盾牌，是將士在打仗的時候，用來遮蔽身體迎敵而戰的防護器具。依靠着盾牌的防護，可使身體減少傷害，就像遵守規則法令可讓人減少傷害、獲得安全一樣。

- 依循、循序漸進、因循苟且、循循善誘、循規蹈矩

小；地位低；隱祕、幽深

- 「龴」在古文中畫的是一個人拿着器皿的樣子，而右邊的「攵」表示在一旁有人拿着鞭子在監視，所以這個人的地位不僅比較低，而且在行走時也要小心翼翼，避免犯下錯誤。

- 細微、卑微、人微言輕、防微杜漸、微不足道

通

- 「攵」是指用手拿着小鞭子，有鞭策的意思。鞭策所養育的小孩，使他不斷地學習，便能通達事理。

- 徹查、貫徹始終、徹頭徹尾、響徹雲霄

品行；恩惠

- 「悳」是由「直」省略加上「心」組成的。「德」字是指心要正直、做的事也要合於正道，如此才是品行優良的人。

- 德性、德高望重、同心同德、以德報怨、年高德劭

你聽過「孟母三遷」的故事嗎？為什麼孟母要三遷？

56

寸 的 家 族

「寸」是指長度的單位名稱，跟長度、規矩法度有關的字，大多有一個「寸」偏旁。

sì

寺

土 + 寸

古代官署名；出家人居住的地方

- 「寺」上面的「土」在古文中畫的是「之」的樣子，有往的意思，加上「寸」偏旁表示官員必須前往官署執行法度，而這官署就是「寺」。

- 寺院、寺廟、古寺、佛寺、禪寺

fēng

封

圭 + 寸

諸侯的領地；授予土地、爵位、名號

- 「圭」是指在土地上種植樹木，使它分出疆界。古代賞罰制度嚴明，王侯將土地賜予有功勳的人，以定這個人的爵位等級。

- 封鎖、冰封、查封、故步自封、稱王封后

shè

射

身 + 寸

用弓發箭來投中遠方的目的

- 「射」在甲骨文和金文中，都是畫着張開正蓄勢待發的弓箭，到了小篆時，字體才演變成我們現在所見的樣子。古代射箭須遵循一定的規矩法度，發箭射擊的人身體必須要站得正，箭才射得遠。

- 射箭、投射、照射、影射、折射

寸

58

zhuān

專

重 + 寸

集中心力在某件事上；獨得

- 「專」的本義指古代紡織時用來轉動、收絡絲線的器具。「重」畫的就是紡車，而紡車上的絲線排列也要有一定的規則，所以下面便加上「寸」偏旁來強調。後來引申出專注、專心的意思，因為紡織時要專心才能紡得好。

- 專家、專輯、專程、專心一致

zūn

尊

酉 + 寸

地位高的長輩

- 「酉」含有首領的意思。古代敬老尊賢，對待地位高的長輩，行為舉止都要合乎禮節。

- 尊敬、自尊、唯我獨尊、妄自尊大、紆尊降貴

古代的長度單位；找

- 「尋」在古代是一種長度單位，八尺便是一尋。「𡬺」是由「手」、「工」、「口」組成的，表示這個人巧於言詞，加上「寸」偏旁便表示遇到巧言的人，必須分析、度量他說的話是不是合理、合法。

- 尋常、尋找、搜尋、耐人尋味、尋幽訪勝

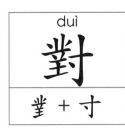

回答；合宜

- 「對」在甲骨文中畫的就是一個人手上拿着笏板，對着發問的人答話。古代士人上朝手中都要拿着笏板，笏板上可以簡略地寫一些事項（功用有點像現在的備忘錄），以防止忘記要報告的事項。

- 對白、反對、對答如流、對牛彈琴、棋逢對手

引領

- 「道」含有大路、正途的意思。引領着人走上合乎規矩法度的大道，就是「導」。

- 導致、引導、開導、誘導、教導

Ｑ Ｑ 小 站

　　每年到了母親節，常常可以看到「春暉寸草心」這個詞出現在報道或廣告中，你知道「春暉」和「寸草心」是什麼嗎？

弓 的 家 族

「弓」是一種可供彈射用的器具，跟弓的構造、作用有關的字，大多有一個「弓」偏旁。

diào
弔
弓 + |

祭奠死者、慰問喪家

- 「|」在古文中畫的就像一個死去側躺着的人。古代民風質樸，人去世以後常常用草蓆裹屍埋於郊外，而孝子為了怕有禽獸來吃親人的遺體，便會拿着弓箭守在一旁。

- 弔慰、弔唁、弔喪、憑弔

yǐn
引
弓 + |

拉；帶領

- 「引」本義是將弓拉開。「|」是由上到下貫通的直線，而開弓時必須將弦向後拉直。

- 引導、拋磚引玉、旁徵博引、呼朋引伴、穿針引線

弘

hóng

弓 + ㄙ

大；博大、廣大

● 「ㄙ」在這裏是「肱」的省略，是手臂的意思。而拉弓必須動到手臂的肌肉，箭射出後弓弦震動會發出聲音，這聲音傳入射箭人耳中是很大的。

● 弘法、弘揚、弘毅、恢弘

弛

chí

弓 + 也

放鬆

● 這裏的「也」在古文中畫的是一條蛇的樣子。蛇的形狀是彎彎曲曲的，弓箭在不使用時為了保持它的彈性，都會把弓弦放開，弓弦被放開後置於一旁的形狀也是彎彎曲曲的，所以就有了放鬆的意思。

● 弛緩、鬆弛、廢弛、外弛內張

弦

xián

弓 + 玄

綁在弓上的絲線

● 「玄」在古文中畫的是絲線的形狀，加上「弓」偏旁便表示這是綁在弓上的絲線，也就是弓弦。

● 弦樂、扣人心弦、弦外之音、箭在弦上、改弦易轍

<table>
<tr><td>

hú
弧
弓 + 瓜
</td><td>

木弓
- 在這裏的「瓜」是指古代中原所產、可用來製弓的木瓜樹（跟我們現在常見的木瓜樹不一樣），加上「弓」偏旁便表示用這樹幹來製弓。而弓的形狀是弧形的，所以「弧」字也指圓周彎曲的一部分形狀。
- 弧度、弧線、弧形、圓弧
</td></tr>
</table>

一種用機關將箭發射出去的弓
- 「奴」是「怒」的省略，加上「弓」偏旁指用弩發箭時，聲勢威怒壯大。
- 弩弓、弩箭、強弩之末、劍拔弩張

nǔ
弩
奴 + 弓

弓的末端；平息、停止
- 「弭」本義是指弓的末端，用骨頭來裝飾兩端的地方，就像人的耳朵一樣，後來由末端引申出平息、停止的意思。
- 弭平、弭亂、消弭

mǐ
弭
弓 + 耳

不強健
- 「弱」是由「弓」和「彡」組合成的。弓是柔軟彎曲的木頭；「彡」則是細毛，兩者合在一起便有柔細、不強健的意思。再重複一次相同的符號，便有強調不強健的意味。
- 弱小、懦弱、不甘示弱、老弱殘兵、弱不禁風

ruò
弱
弓 + 弓

zhāng **張** 弓 + 長

開

- 「長」有擴大的意思。使弓擴大，便是將弓拉開了。

- 張開、張貼、張牙舞爪、張冠李戴、虛張聲勢

qiáng **強** 弓 + 厶 + 虫

有力量；粗暴

- 「強」的本義是指一種躲在米穀中的小黑蟲，這種小黑蟲以蛀食米穀維生，所以對米穀來說是屬於粗暴的掠食者。

- 強壯、堅強、強顏歡笑、強人所難、弱肉強食

biè **彆** 敝 + 弓

不順

- 「敝」有破敗的意思。一把破敗了的弓，是無法順利使用的。

- 彆扭

dàn **彈** 弓 + 單

弓發射出去的鐵丸

- 「單」有單一的意思。弓發射彈丸時，每次只能發射一顆。

- 彈珠、彈弓、飛彈、彈丸之地、彈盡援絕

wān

彎

絲 + 弓

拉開弓；屈曲不直

- 「絲」有重疊的意思。將箭搭在弓上準備發射，便有兩物重疊的意味。

- 彎曲、彎度、轉彎、拐彎抹角、彎腰駝背

QQ小站

你有聽過「杯弓蛇影」的成語故事嗎？為什麼那個看到杯子裏有一條小蛇的人會生病？你知道他這病後來是怎麼治好的嗎？

弓

欠 的 家 族

「欠」是張開嘴打呵欠，跟張嘴呼氣、吸氣有關的字，大多有一個「欠」偏旁。

cì

次

二 + 欠

第二

● 「二」是在一後面的數字，而「欠」也有不足的意思，所以順序第二的，就是比第一的要不足一點。

● 版次、品次、目次、累次、屢次

xīn

欣

斤 + 欠

喜悅

● 「斤」的本義是拿斧頭砍木材，砍木材時會不斷地發出聲音，就像人在喜悅的時候，也會不斷地發出笑聲一樣。

● 欣喜、欣羨、欣慰、欣賞、欣喜若狂

yù

欲

谷 + 欠

貪心不滿足

● 「欠」有不足的意思。覺得自己欠缺、想要的東西像山谷一樣多，便是貪心不滿足。

● 物欲、欲念、欲望、躍躍欲試、悲痛欲絕

敬佩

- 「金」是一種非常貴重的金屬，加上「欠」偏旁，表示遇到身分尊貴的人，要屏氣凝神表示敬重。

- 欽佩、欽羨、欽仰、欽點、可欽

誠意

- 「柰」原來寫作「祟」，指鬼神作惡。人為了避免鬼神作祟，便會誠心祈求，避免災禍降臨。

- 募款、付款、條款、貸款、借款

詐騙

- 「其」的本義是指這樣東西的稱呼。凡是人昧着良心欺騙他人，講出來的話便會欠缺真實性、偏離真相。

- 欺瞞、詐欺、欺壓、欺人太甚、欺善怕惡

休息

- 「曷」有止的意思。人打呵欠便表示疲倦、想休息了，加上「曷」偏旁便是停止工作、休息了。

- 停歇、間歇、歇息、歇腳、歇宿

gē

歌

哥 + 欠

發出聲音吟唱

● 「哥」是由兩個「可」組成的，「可」是指平舒自然的聲音，所以「哥」本義便有聲音的意思，再加上「欠」偏旁表示張開嘴把聲音吟唱出來。

● 悲歌、牧歌、對歌、能歌善舞、歌聲繞樑

qiàn

歉

兼 + 欠

缺乏、不滿足

● 「兼」有並、兩者都有的意思。「歉」字的本義是指沒吃飽，而沒吃飽是表示肚子裏已有食物，可是又還想再吃。

● 道歉、歉疚、歉收、歉意、致歉

tàn

歎

莫 + 欠

因苦悶而發出呼聲；讚美

● 「莫」在這裏是「難」的省略。人遇到困難的事，便容易歎氣。

● 歎氣、歎息、歎惋、歎為觀止、仰天長歎

huān

歡

雚 + 欠

快樂、高興

- 「雚」是麻雀的一種，常一邊跳躍一邊鳴叫，看起來很快樂的樣子，加上「欠」偏旁，表示因高興而發出呼聲。

- 狂歡、歡樂、歡度、歡欣鼓舞、賓主盡歡

欠

68

QQ小站

　　有沒有曾經旁邊的人打呵欠，然後你也很想跟着打呵欠的經驗？你知道為什麼嗎？其實這是有原因的哦！

歹 的 家 族

「歹」在甲骨文中畫的是毀裂的骨頭，有壞的、不好的意思，因此跟災難或死亡有關的字，大多有個「歹」偏旁。

死　sǐ
歹 + 匕

失去生命

- 「匕」在這裏畫的是一個人側面的形狀，再加上「歹」偏旁便表示這個人體已經變成殘骨，也就是已經死了。

- 死亡、見死不救、兔死狐悲、槁木死灰、鹿死誰手

歿　mò
歹 + 殳

死亡

- 「殳」本義是到水裏取東西。而人死了以後則是把屍體埋入土裏，有取出土填入屍體的意味。

- 亡歿、病歿、戰歿

殃　yāng
歹 + 央

災禍

- 「央」含有中央、一半的意思。人陷於災禍時，常會出現半生半死的狀態。

- 遭殃、池魚之殃、禍國殃民

危險

- 「台」在這裏是「迨」的省略，含有接近的意思，再加上「歹」偏旁便表示接近災難或死亡，也就是處於危險的境地了。

- 危殆、百戰不殆

死亡

- 「且」的本義是神主牌，而神主牌是在人死了以後所立的。

- 殂逝、殂沒、殂落、崩殂

盡；滅絕

- 「㐱」是指很稠密的頭髮，有十分細微的意思；而「歹」是肉剔除乾淨的殘骨。「殄」便是將此物滅絕至一絲一毫也不留下的地步。

- 殄絕、殄滅、暴殄天物

區別；死

- 「殊」的本義是指古代一種把身體與頭分開的罪刑。而斬首會流血，「朱」在此便表示紅血。因為身體與頭顱分開，所以也引申出區分的意思。

- 特殊、殊遇、殊榮、懸殊、殊途同歸

陪葬

- 「旬」在這裏是「徇」的省略，有屈從的意思。古代以活人陪葬，則陪葬者往往有不得不屈從的苦衷。

- 殉葬、殉國、殉難、殉職、殉情

栽種；生育、生長

- 「直」在這裏是「植」的省略，有種植的意思。將種子或樹苗埋到土裏讓它生長，就像把死人埋入土裏。

- 生殖、養殖、墾殖、繁殖、殖民地

死亡

- 「員」在這裏是「隕」的省略，有從高處落下的意思。而人死了要埋入土裏，也是把屍體放入坑裏，有由高處置入低處的意味。

- 隕歿、香消玉殞

未成年者的喪事

- 「昜」在這裏是「傷」的省略。父母對於未成年兒女死亡的傷心難過，是更為深切的。

- 夭殤、國殤

將死者放入棺木中

- 「僉」在這裏是「檢」的省略，有收拾的意思。將屍體沐浴、更衣後，放入棺木中便是「入殮」，有收拾死者之意。

- 入殮、收殮、殯殮

已入殮而尚未下葬的棺木

- 禮遇死者就像對待賓客，而賓客在主人家不會久留，就像已入殮而尚未下葬的棺木，不久後就會離開原地遷葬了。

- 出殯、送殯、殯葬、殯儀館

全部殺盡

- 「韱」是指一種在山裏野生的韭菜，有又多又細的意思。而殺敵時連最細微的部分也不放過，便是全部殺盡了。

- 殲滅、殲敵、攻殲、殲一警百

QQ小站

你看過秦始皇的「兵馬俑」嗎？「兵馬俑」是用真人還是假人來殉葬呢？為什麼秦始皇需要這麼多的「兵馬俑」陪葬呢？

止 的 家 族

「止」在甲骨文中畫的是一個腳掌上面連着腳趾頭，跟腳、停止有關的字，大多有一個「止」偏旁。

zhèng
正
一 + 止

是、適當

● 「一」有至善之道的意思。止於至善之道，就是適當的、合於正道的。

● 方正、正中下懷、剛正不阿、就地正法、伸張正義

cǐ
此
止 + ヒ

這個，可用來指人、事、地、物

● 此」字的「ヒ」在甲骨文之中畫的不是湯匙或匕首，而是一個人的側面圖，指人的腳步停在這兒，因此便用「此」來指近處的人、事、地、物。

● 此刻、多此一舉、此起彼落、厚此薄彼、樂此不疲

bù

步

止 ＋ 少

用腳走路

● 「步」在甲骨文中畫的是兩隻腳丫子一前一後走着，所以有走路的意思。

● 步行、百步穿楊、步步為營、龍行虎步、舉步維艱

qí

歧

止 ＋ 支

岔開的

● 「支」是樹幹突出去的小枝條。在「止」旁加上「支」便讓「歧」的本義有五趾外又多生出一趾的意思，而這多出來的腳趾是跟其他五趾岔開的，所以引申有岔開的意思。

● 歧途、歧視、分歧、歧路亡羊、誤入歧途

wāi

歪

不 ＋ 正

不正

● 這個字一目瞭然，不合於正道就是歪啦！

● 歪斜、歪風、東倒西歪、邪門歪道、歪打正着

lì

歷

厂＋秝＋止

經過

● 在甲骨文中「秝」畫的是腳走過種植有許多稻禾的田地，表示「經過」的意思。在金文時加上「厂」偏旁，表示時間推移。

● 歷來、歷時、學歷、歷歷在目、歷久彌新

gui
歸
自 + 止 + 帚

出嫁；返回

- 「歸」的本義是女子嫁人。「帚」是「婦」的省略；「自」有「臣」的意思，指服從、侍奉。女子嫁人便成了婦人，所以夫家就成了她終身定所的地方，此後她就必須要服從、侍奉公婆與丈夫。

- 歸屬、反璞歸真、完璧歸趙、落葉歸根、鶴駕西歸

倉頡大仙講古

【歲】歲就是年，是地球繞太陽一圈的時間，所以過了一年，年齡要往上加一歲。中國人過年有「守歲」的習俗，在每年舊曆年的最後一天，也就是「除夕」時，人們常常一整晚不睡地等待天亮，稱為「守歲」。傳說孩子的守歲時間越長，父母的壽命也可以越長。

QQ小站

你聽過「歧路亡羊」的故事嗎？就是指路的分岔太多，所以找不到逃走的羊。假如今天那隻羊是從你的羊圈裏逃跑的，而你的農莊旁有很多小路，你要用什麼方法把羊找回來呢？

戈 的 家 族

「戈」是一種古代的兵器，跟使用兵器有關的字，大多有一個「戈」偏旁。

róng
戎
十 + 戈

戰爭

- 「十」是甲字最初的寫法。而甲為護身裝備，戈是進擊的器械，合在一起就是指披甲持戈的戰爭。

- 戎兵、戎裝、投筆從戎、戎馬倥傯

shù
戍
人 + 戈

防守

- 這個字很有趣，一看就可以很明瞭是一個人拿着兵器正在防守。

- 戍守、戍衞、戍邊

jiè
戒
廾 + 戈

警備

- 「廾」是左右兩手相合並舉。用兩手謹慎拿着兵器，就是處於警備狀態。

- 戒指、戒除、戒律、破戒、懲戒

jǐ
戟
卓 + 戈

一種槍頭有小叉斜出的古兵器

- 「卓」在這裏是「幹」字的省略，有枝幹之意。枝幹是由樹幹旁分出去的枝條，「戟」這種古兵器在槍頭部分也是有小叉斜出，就像枝幹一樣。

- 班戟、雙戟、折戟沉沙

kān
戡
甚 + 戈

平定

- 「甚」含有過度的意思。拿着兵器去殺敵，除了要抵抗之外，還要平定戰事。

- 勘查、勘誤、探勘、勘驗、查勘

jié
截
雀 + 戈

切斷

- 「雀」在小篆中畫的是一隻雀的樣子，再加上「戈」偏旁便是拿兵器追擊切斷鳥雀的去路。

- 截斷、攔截、直截了當、斬釘截鐵、截長補短

lù 戮 翏 + 戈

殺

- 「翏」有高飛的意思。拿着兵器殺敵，就像鳥類振翅奮力高飛一樣。

- 殺戮、同心戮力、引頸就戮

zhàn 戰 單 + 戈

鬥

- 「單」的本義是大的爵（一種酒器），所以有大的意思，加上「戈」偏旁，表示戰爭時，常用大型兵器以求制敵獲勝。

- 戰爭、苦戰、連戰皆捷、戰戰兢兢、戰無不勝

xì 戲 虗 + 戈

娛樂

- 「虗」是古代的陶器名。古代戲耍常操戈舞劍弄陶，所以組合「虗」、「戈」為「戲」，表示娛樂。

- 戲弄、戲劇、把戲、假戲真做、逢場作戲

chuō 戳 翟 + 戈

用尖銳的東西刺觸物體

- 「翟」是一種長尾鳥。當用兵器去刺觸物體時，兵器的大部分仍然留在物體外，也有尾長的意味。

- 戳破、戳記、戳穿、戳印、郵戳

QQ小站

　　「戒尺」是以前老師用來處罰學生的竹木板，算是一種體罰用具。你有沒有被父母、師長體罰的經驗呢？你贊不贊成體罰？假如不贊成的話，你覺得父母、師長該用什麼方式來處罰犯錯的小朋友？

殳 的 家 族

「殳」是手拿長杖來隔絕人，跟傷害有關的字，大多會有一個「殳」偏旁。

duàn

段

𣢧 + 殳

計算事物的量詞

● 「𣢧」在金文中的畫法是只有「耑」的上半部，「耑」是草木初生的樣子，上面是剛生長出土的苗；下面則是根。而「段」字旁邊有「殳」偏旁，表示拿兵器將草木初生的苗截斷成兩部分，所以後來「段」字也引申成計算事物的量詞。

● 片段、段落、階段、不擇手段、碎屍萬段

yīn

殷

月 + 殳

富足的；情意深厚的

● 「月」在小篆是將「身」字左右相反寫，加上「殳」偏旁表示拿着長杖狀的東西在旋轉舞動。而跳舞通常需要有音樂陪襯，所以「殷」的本義是古代大祭時盛舉樂舞，後來也引申出富足、情意深厚之意。

● 殷切、殷勤

shā
殺
羔 + 殳

使人或動物失去生命

- 「殺」字在甲骨文中畫的是一個人被兵器所傷，旁邊還濺出幾滴血。

- 抹殺、借刀殺人、殺雞取卵、殺身成仁、殺一儆百

ké
殼
壳 + 殳

物體堅硬的外皮

- 「壳」在金文中畫的像用一層東西由上往下覆蓋住物體，加上「殳」偏旁表示這物體被覆蓋後就能抵禦棍杖的敲擊。

- 蛋殼

huǐ
毀
臼 + 殳

破壞

- 「臼」的上半部在古文中畫的是一個器物的樣子。而古代器物大多是由土做成的，再加上「殳」偏旁表示這器物已經被棍杖之類的東西打壞了。

- 毀壞、砸毀、銷毀、毀於一旦、毀譽參半

行軍時的後軍；最後的

- 「屍」在古文中畫的是人的屁股坐在牀几上，而屁股是在人體的後面，所以引申有後面的意思，加上「殳」偏旁便表示在行軍時位置最後面的那支軍隊，即是「殿軍」。

- 殿下、宮殿、殿堂、殿後

意志堅決；果斷

- 「豙」是豕（豬）生氣、毛豎起來的樣子，加上「殳」偏旁表示拿着棍杖去攻擊豬，豬一生氣，牠的意志就更堅決地躲着人逃跑了。

- 毅力、剛毅、堅毅、毅然決然、剛毅木訥

打

- 「區」有內藏諸物品的意思，加上「殳」偏旁便表示拿着棍杖去攻擊藏匿起來的物體。

- 毆打、毆傷、毆辱、鬥毆、羣毆

殳

QQ小站

你聽過「金蟬脫殼」的成語嗎？為什麼蟬要脫殼呢？

皿 的 家 族

「皿」是盛裝食物飲料的器具，跟盛裝東西的器具有關的字，大多有一個「皿」偏旁。

yú

盂

于 + 皿

盛裝飲料或飯食的器具

- 「于」有取用的意思。盛裝飲料或食物以便取用的器具，便是「盂」。

- 痰盂、盂蘭盆會

yíng

盈

及 + 皿

充滿；多餘

- 「及」有在原本的東西上再增多的意思，如此則東西很容易就會盛滿整個器皿，甚至會多餘溢出來。

- 盈利、輕盈、笑盈盈、惡貫滿盈、熱淚盈眶

pén

盆

分 + 皿

上寬底小，比盤深的器具

- 「分」有別、離開的意思。盆的開口寬大，裏面盛裝的東西也很容易被傾倒出來、離開盆子。

- 盆栽、盆地、傾盆大雨、金盆洗手、血盆大口

| yì
益
氵 + 皿 | **增加；好處** |

- 「益」本義是豐饒。「氵」是水，加上「皿」偏旁便表示這水是非常多的，多到滿溢出來的程度。

- 益處、請益、良師益友、相得益彰、延年益壽

| kuī
盔
灰 + 皿 | **作戰時用來保護頭部的帽子** |

- 「盔」是作戰時用來保護頭部的帽子，可以將頭與臉包覆住，就像器皿盛裝東西一樣，而它的顏色通常像燃燒過的灰燼一般是淺黑色的。

- 盔甲、頭盔、鋼盔、陶盔、丟盔卸甲

| chéng
盛
成 + 皿 | **容納、裝** |

- 「盛」的本義是古代裝在器皿中用來祭祀的黍稷穀物，而「成」有成就的意思，再加上「皿」偏旁便是指將黍稷放在器皿中，用來成就祭祀的事。

- 盛放、盛飯、盛湯、昌盛

hé

盒

合 + 皿

底和蓋的大小相合，可以盛裝物品的器具

- 「合」含有蓋合的意思。盒子是有蓋、可以與底相合的盛物器具。

- 飯盒、餐盒、禮盒、黑盒、音樂盒

dào

盜

次 + 皿

竊取不應得的財物

- 「次」在這裏是「羨」的省略。看到盛放在器皿中的財物，興起羨慕之意，就想要竊為己有，便是「盜」。

- 盜賊、強盜、開門揖盜、掩耳盜鈴、雞鳴狗盜

jìn

盡

聿 + 皿

結束；全部

- 「聿」在甲骨文中畫的是一隻手拿着洗滌的用具，加上「皿」偏旁，便表示正在清洗剛食用完畢的器皿。

- 盡力、耗盡、一言難盡、苦盡甘來、江郎才盡

jiān
監
臥 ＋ 皿

督察、看

● 「監」的甲骨文畫的是一個人跪坐着，俯視器皿中的東西，所以有監看的意思。

● 監視、監測、監獄、監督、監管

pán
盤
般 ＋ 皿

扁淺的盛物器具

● 「盤」在甲骨文中畫的就像小舟，旁邊有耳以便持拿，後來把耳省略了。小舟是扁淺可以容納人或物的，這裏取用扁淺的意思，加上「皿」偏旁便表示這是一種扁淺的容器。

● 盤據、地盤、一盤散沙、如意算盤、杯盤狼藉

guàn
盥
𦥑 ＋ 皿

洗

● 「𦥑」是將兩隻手掌合起來掬水，加上「皿」偏旁便表示這水是從器皿中掬起來的。

● 盥洗、盥洗室

dàng
盪
湯 ＋ 皿

洗；搖動

● 「湯」在這裏是「蕩」的省略，有搖動的意思。把需要洗滌的東西放在器皿中搖動，來去除污垢，即「盪」的本義。

● 盪漿、洗盪、震盪、動盪不安

倉頡大仙講古

【盟】在古代，國與國之間為了政治或商業利益而結盟的情況很普遍，所以便有了彼此約定立誓的儀式。

「盟」字在甲骨文中畫的是器皿上有一滴血。古代國與國之間締結同盟一定要宣誓，這時就要殺掉一隻牲畜，將牠的血擠在器皿中，告誓神明，假若有違反約定的一方，神明就會降罪讓那方受到如同這隻犧牲的牲畜一樣的命運，宣誓完畢後，雙方就把器皿中的血喝掉，表示一定會遵守約定，否則甘願接受神明處罰。

QQ小站

每年農曆七月十五日，佛教徒為了要追思祖先，都會舉行「盂蘭盆會」，相傳這是出自「目連救母」的故事，你聽過「目連救母」的故事嗎？「盂蘭盆」三字又是什麼意思呢？

田的家族

「田」是可以種植五穀的地，跟田地有關的字，大多有一個「田」偏旁。

男 nán
田 + 力

雄性的人

- 古時候以農立國，而男人的體力比女人要強健，所以在田裏出力耕種的人，就是男人。

- 男生、男士、男子、男女老幼、男耕女織

畏 wèi
田 + 衣

害怕

- 這個字由甲骨文的形體來看比較容易了解意思。在甲骨文中畫的是一個頭大大的鬼，手上拿着一根棍子，基本上鬼已夠讓人害怕了，手上再多拿一根棍子就更恐怖了，後來這個字的形體漸漸演變，就成了你現在所看見的樣子。而「畏」字上頭的「田」是指鬼大大的頭，跟田地沒有任何關係，只是因為形體相近而歸入「田」字家族。

- 畏懼、無畏、人言可畏、畏首畏尾、後生可畏

土地的邊際；限制、範圍

- 「介」的本義是畫，即是畫出一定的範圍來供人活動的意思，加上「田」偏旁，表示畫出田地的邊際範圍。

- 界定、分界、大開眼界、花花世界、劃清界線

田地的界線；旁邊

- 「半」是指物體中分以後兩個相等的部分，再加上「田」偏旁便表示這是兩塊田地的中間分隔處，即田地的界線處。

- 河畔、湖畔、枕畔、橋畔、江畔

人飼養的禽獸

- 這裏的「玄」在小篆中畫的就像穿過牛鼻的環，而牛是協助耕種最有力的幫手，所以把帶有鼻環的牛放在田中耕種，便表示這頭牛是由人所飼養的禽獸。

- 畜生、家畜、牲畜、人畜、六畜不安

停止在一個地方

- 「卯」的本義含有成就的意思。古人以農立國，所以多守住一塊田地以成就農事，因此很少遷移外地。「留」字便有停止在一處的意思。

- 留心、留連、留住、齒頰留香、不留餘地

lüè

略

田＋各

謀劃；奪取

- 「各」有個別、互不相合的意思，加上「田」偏旁表示各自取得田地，所以「略」字便有謀劃、奪取的意思。

- 略過、謀略、略遜一籌、略知皮毛、雄才大略

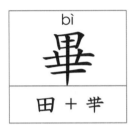

bì

畢

田＋芈

結束、完成

- 「畢」的本義指在田中掩藏捕雉雞或野兔的網子。「田」有田獵的意思；而「芈」則是指捕捉用的長柄小網。田獵捕獲獵物，便表示打獵的活動已經結束了。

- 畢業、畢竟、完畢、禮畢、原形畢露

huà

畫

聿＋甶

區分；繪出圖形

- 「聿」是筆；「甶」是在田地四周畫上界線。所以「畫」就是拿筆在田地四周區分出界線。

- 畫圖、畫面、比手畫腳、畫蛇添足、畫餅充飢

fān

番

采＋田

外族的稱呼

- 「采」在古文之中畫的是獸類指爪分明的樣子。「田」在這裏不是指田地，而是指獸類的掌形，也是因為形體相近而歸入「田」家族。「番」的本義指野獸的腳，後來引申出外族的意思，這是因為古代主政的漢族認為外族人的本性就像野獸一樣。

- 一番、連番、三番兩次、輪番上陣

宋朝著名的文學家歐陽修，小時候家境貧困、沒辦法上學，所以他的母親就以蘆荻當做筆，在地上寫字教歐陽修。你覺得在當時沒有紙筆的情況下，歐陽修的母親還可以用什麼方法來教他認字呢？

示 的 家 族

「示」是指日月星垂示吉凶的現象，因此跟鬼神、祭祀、祈求有關的字，大多有一個「示」偏旁，當作部首時寫成「礻」。

shè

社

礻 + 土

土地神，或是祭祀土地神的地方

- 古人認為每一個地方都有一位土地神在掌管地方上的事，所以土地神又叫「社神」。

- 社會、社團、社區、社稷、社交

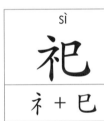

sì

祀

礻 + 巳

祭拜

- 古人用天干地支計算時間，「巳」是地支的第六位（指上午九點到十一點）。而古人對於祭祀的時間是很注重的，所以祭祀的「祀」字就有了一個「巳」偏旁當作發音符號，也有強調注意時辰的意思。

- 祭祀、奉祀

倉頡大仙一點靈

古代的國家又稱「社稷」。「社」是土地神;「稷」是穀神。因為民以食為天,所以歷代君王都以能夠管理好國土和民生為治國大事。

示

94

zhǐ

祉

礻 + 止

幸福

- 「止」是腳趾頭,後來被借用為停止的意思。神的腳步停在你的面前,當然福氣也跟着降臨在你身上了。

- 福祉

qí

祈

礻 + 斤

請求;向神求福

- 「斤」是古代用來砍伐樹木的斧頭,用這砍伐下來的樹木修整出神祇的樣子,就可以向神求福了。

- 祈求、祈福、祈願、祈禱、祈請

qí

祇

礻 + 氏

土地神,也泛稱神

- 「氏」的甲骨文是一個人提東西的側面圖,也表示「人」的意思,這個字通常跟姓氏有關。古人認為土地神是人死後當的,所以土地神又稱為「地祇」,而天神地祇就是指天上跟地下的神仙,因此「神祇」兩字就是泛指所有的神仙。

- 神祇、地祇

不能讓人知道的

● 「必」有一定的意思。古人認為跟神靈間有祕密的約定就一定不能讓他人知道，不然神靈會降下災禍。

● 祕密、祕辛、祕訣、奧祕、祕而不宣

供奉祖先、聖賢的地方

● 「司」有掌管的意思。掌管供奉祖先與聖賢的地方，當然就是祠堂啦！

● 祠堂、宗祠、祖祠

恭賀；美好的願望

● 「儿」畫的是一個人跪拜在神靈前誠心祈求的樣子，上面的「口」畫得很大就是強調他在大聲唸祈禱文，希望神靈能降下福祉。

● 祝福、祝賀、祝壽、慶祝、祝融

倉頡大仙一點靈

　　古時候火神名字叫「祝融」，而「融」有固體受熱變成液體的意思。

yòu

祐

礻 + 右

神靈護助

- 古代以右邊為尊位，有神靈在你的右邊守護，你當然就受到保祐啦！
- 保祐、庇祐

zǔ

祖

礻 + 且

先代長輩的通稱；創始人

- 「且」在甲骨文裏畫的是一個神主牌的形狀，會被放在家裏供奉的神主牌，當然就是祖先啦！
- 祖先、始祖、祖宗、認祖歸宗、數典忘祖

shén

神

礻 + 申

天地萬物的主宰者；超出尋常的

- 「申」在甲骨文裏畫的是閃電的形狀，表示神靈顯威跟雷電大作一樣，都有預測及不可抵禦的威力。
- 神仙、大發神威、閉目養神、鬼斧神工、神采飛揚

suì

祟

出 + 示

指鬼怪所生的禍害，也用來比喻不正當的行動

- 鬼怪跑出來，當然不好的事也會發生囉！所以「鬼鬼祟祟」就用來指做事不光明正大。

- 作祟、鬼鬼祟祟

qū 祛 ネ + 去	**驅逐、消除**

- 把鬼怪不好的東西除掉，就是除災。
- 祛除、祛寒、祛退、祛痰

jì 祭 夗 + 示	**拜鬼神，或對死去的人表示哀悼或致敬的儀式**

- 「夗」在甲骨文裏畫的是用一隻手拿着酒肉的樣子，加上「示」偏旁引申為準備豐盛的酒肉給神靈享用，這在祭祀儀式裏是不可缺少的。
- 祭拜、祭品

xiáng 祥 ネ + 羊	**吉利、和善的**

- 古代認為「羊」是一種很美好的動物，因為牠的個性非常溫和，且全身上下都可以拿來利用，所以祭祀時常喜歡獻上羊當祭品，祈求神靈能降下吉福。
- 祥和、吉祥、祥瑞、慈祥、龍鳳呈祥

限制、阻止

- 用很多樹木阻擋起來不許接觸的人事物，通常是神祕誘人的，所以禁忌越被阻擋，人也越愛去觸犯。

- 禁止、禁地、監禁、弱不禁風、情不自禁

災害、不幸

- 「咼」有不正的意思。與鬼怪有不正當的接觸就會惹來災害、不幸。

- 禍害、大禍臨頭、飛來橫禍、禍從口出、罪魁禍首

表示敬意的儀式或贈品

- 「豊」是古時候行禮的一種器具，在典禮上使用這種器具表示尊敬。

- 禮物、典禮、分庭抗禮、禮尚往來、先禮後兵

祈求、盼望

- 古人認為生死都是人生的大事，能夠活得長壽也是一種福氣，因此這也是人們在向神靈祈求時的一種盼望。

- 禱告、禱詞、祈禱、默禱、祝禱

倉頡大仙講古

【票】古人沒金融卡或信用卡可用,假如他們出門需要用到大筆金錢(譬如買賣時),扛着裝滿銀兩的大布袋或大箱子不僅很重,又容易被搶、被偷,那該怎麼辦呢?別急!古人可聰明呢!他們有一種性質跟我們現在的銀行很像的金融組織,叫「票號」或「票莊」,可以在裏面存錢或領錢,這樣把錢換成一張票子帶出門,就輕鬆多囉!

【禪】這個字很有趣!當它唸「蟬」音時,就跟佛教有關係,因為它是梵語「禪那」的略稱,是思惟靜慮的意思。像禪師、禪房、禪理、禪杖、禪林、禪寺、坐禪 ……等,都和佛教有關,另外這個字也是佛教的宗派名稱,例如:禪宗。

而唸「善」時,就有天子讓位給賢者的意思,像堯禪位給舜;舜禪位給禹,都是天子為了黎民百姓的福祉,而把皇位讓給賢能者,不讓給自己兒子的偉大事跡喔!

QQ小站

假如你是古代的帝王,有一天你要退位了,你會把皇位禪讓給比你兒子還要賢能、優秀的老百姓嗎?

疒 的 家 族

「疒」在甲骨文中畫的是一個病人躺在牀上休息的樣子，跟疾病的名稱、生病的症狀有關的字，大多有一個「疒」偏旁。

jiù
疚
疒 + 久

久病；愧

- 生病時間久了，不但沒辦法工作，而且也會消耗家中的錢財，因此久病的人心中常有愧意，覺得自己對不起家人。

- 內疚、愧疚、歉疚

bā
疤
疒 + 巴

創傷好了以後皮膚所留下的痕跡

- 「巴」有乾結物的意思，像鹽巴、鍋巴都是最好的例子；而皮膚受創好了以後，在原傷口的地方也會乾合留下痕跡。

- 刀疤、疤痕、瘡疤

yì
疫
疒 + 殳

流行性傳染病的總稱

- 「殳」在這裏是「役」的省略，有役使的意思。古代民智未開，對於同一時間發生的流行性傳染病總會感到很恐懼，認為那是鬼神作祟所降下的災禍。

- 疫苗、免疫、防疫、瘟疫、鼠疫

現代醫學進步，對於預防疫疾便發明了「疫苗」，在注射或接種後可使人體產生免疫力，例如卡介苗、霍亂疫苗等。

zhěn

疒 + 参

皮膚上出現的許多紅色小顆粒

- 「参」的本義是指稠密的頭髮，引申有多的意思。而皮膚出現小疹子時，也往往是數量眾多的遍布成一整片。

- 疹子、麻疹、汗疹

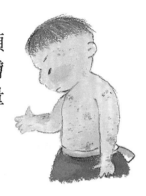

疒

101

bìng

病

疒 + 丙

生理或心理發生不健康的現象

- 「丙」在五行中屬火，因此俗稱火為丙。而人生病了體內溫度便很容易上升，就好像有火在身體裏燃燒一樣。

- 生病、看病、病情、病痛、同病相憐

zhèng

症

疒 + 正

疾病的現象

- 「正」在這裏是「証」的省略，有證據的意思。而疾病往往可依病人的發病現象當作憑據，來推測是罹患何種疾病。

- 症狀、病症、絕症、對症下藥

勞累

- 「皮」是包覆在人體外的一層組織，容易為人所見。而當人勞累時，精神委靡不振，就像生病了一樣，勞累的表現也容易為人所見。

- 疲乏、疲累、疲勞、筋疲力竭、樂此不疲

痛

- 冬天是一年中最冷的季節，萬物也閉塞進入休息狀態，因此在「疒」中加上「冬」，表示疼痛留在體內、揮之不去。

- 心疼、疼痛、疼惜、疼愛、頭疼

創傷好了以後皮膚上所結的硬皮

- 「加」有增加的意思。而結痂所生的硬皮，看起來就像是在原本的皮膚上又加上一層皮膚一樣。

- 血痂、結痂

直腸下端因發炎而造成肛門腫痛的病

- 「寺」有內的意思。而長痔瘡的部位也是在身體較隱密、內部的地方。

- 痔瘡

創傷好了以後皮膚所留下的疤

- 「艮」有止的意思。而疤痕是創傷好了以後，依舊停留在身上的痕跡。
- 刀痕、傷痕、痕跡、不着痕跡、水過無痕

小黑斑；缺點

- 「疵」的本義是指皮膚上所生的小黑點、小黑斑，因為很細小，所以要用手指明位置在此，才能看見，因此在「疒」裏加上「此」來表明，後來又由小黑斑引申出缺點的意思。
- 瑕疵、吹毛求疵

病好了

- 「全」有健全的意思。病好了，則身心都恢復健全了。
- 痊癒

因疾病而引起的難受感覺

- 「甬」在這裏是「通」的省略，有通達的意思。而疾病引起的疼痛往往是通達全身、讓人感覺非常不舒服的。
- 痛處、傷痛、抱頭痛哭、痛不欲生、痛改前非

皮膚上的斑點或小疙瘩

- 「志」在這裏是「誌」的省略，有標誌的意思。痣是皮膚突出的小斑點，不容易除去，因此也有標誌特徵的作用。

- 黑痣

一種長在身上像豆子的膿疱

- 這個字一看就很容易理解，長在身上形狀像豆子的膿疱，即是「痘」。

- 水痘、牛痘、痘瘡、青春痘

因痢疾桿菌等而引起的急性傳染病

- 「利」有順的意思。當罹患痢疾時，肛門會非常順暢、不斷地排泄廢物。

- 下痢、痢疾

血液凝聚不能流通

- 「於」在這裏是「淤」的省略，有水流不通的意思，加上「疒」偏旁便表示這是一種積血不散、不能流通的症狀。

- 瘀血

tán

痰

疒 + 炎

氣管或支氣管黏膜所分泌的黏液

- 「炎」是火光上衝的意思。而痰湧出梗在氣管中,也會給人衝出一吐為快的感覺。

- 痰盂、吐痰

cuì

瘁

疒 + 卒

勞累過度

- 「卒」在古代是指服雜役的有罪男子,他們的工作分量通常都很重,因此常常會勞累過度,加上「疒」偏旁便是強調已經勞累成疾了。

- 心力交瘁、鞠躬盡瘁

má

痲

疒 + 林

身上失去感覺的現象

- 「林」在這裏是「麻」的省略。麻是一種很堅韌的植物,它的皮可以拿來製繩用,而得到痲瘋病的人臉上常會出現紅褐色的結節,就像繩索一樣,剛開始患者會有過敏或神經痛的症狀,最後知覺會漸漸地喪失,因此後來「痲」字也引申出身體失去感覺的意思。

- 痲瘋

bì

痹

疒 + 畀

四肢或身體失去感覺

- 「畀」在古文中畫的是把一個東西放在几上往上舉,加上「疒」偏旁便表示手往上舉的功能受阻或喪失了,引申指身體喪失知覺不能靈活運動。

- 麻痹

生病時間長久且不易治瘉的疾病

- 「固」有時間長久的意思，加上「疒」偏旁便表示這種病症生病時間已拖得長久且不易治瘉。

- 痼疾

病好了

- 「俞」是一種用中空的木頭製成的天然小船，可以把人從此岸送到彼岸去。而病患恢復強健的身體，就像人被送到彼岸一樣舒暢、快活。

- 瘉合、治瘉、痊瘉、大病初瘉、不藥而瘉

倉頡大仙一點靈

「痊瘉」也可以寫作「痊癒」。

一種經由瘧蚊傳染的「寒熱病」

- 「虐」含有侵害及殘酷的意思。古人認為侵害人體最嚴重的疾病是「瘧」，因為這種病症在古代極難治瘉，患者會時冷時熱備受折磨。在現代醫學發達且能有效撲滅瘧蚊後，這種疾病在已開發國家已經幾乎絕跡了。

- 瘧疾

fēng

瘋

疒 + 風

言語、行動失常

- 「瘋」的本義是指一種頭痛的病，也就是中醫所稱的「頭風」，是頭受到風寒侵襲而引起的疼痛疾病。風的來去極快速，很難抵禦，就像有瘋癲症狀的病患一樣很難抗拒病發，因此常常會有失態的言行舉止出現。

- 瘋子、瘋狂、瘋狗、發瘋、裝瘋賣傻

shòu

瘦

疒 + 叟

肌肉不多的

- 「叟」是老人。古代的老人大多消瘦，加上「疒」偏旁便表示這種瘦已經出現病態了。

- 瘦子、瘦小、瘦長、骨瘦如柴、面黃肌瘦

wēn

瘟

疒 + 昷

流行性傳染病的總稱

- 「昷」是由「囚」和「皿」組成的，指拿食物給囚犯吃，這是衙門會主動給予不必囚犯要求的，而古人認為瘟疫也是老天主動降下的。

- 瘟疫、瘟神

jǐ

瘠

疒 + 脊

瘦弱

- 「脊」指脊椎骨，是又細又長的。而瘦得露出脊椎骨的形狀，則是過度瘦弱了。

- 貧瘠

liú

瘤

疒 + 留

身體內組織增殖生成的腫塊

- 「留」有停留的意思，而腫塊是另外生成、停留在體內的一種不正常的組織。
- 腫瘤、毒瘤、腦瘤

chuāng

瘡

疒 + 倉

一種皮膚腫爛潰瘍的病

- 「倉」是貯藏糧食的地方，而皮膚腫爛潰瘍時，膿水也會積在皮膚裏，就像積存穀物的倉庫一樣。
- 凍瘡、暗瘡、瘡疤、千瘡百孔、滿目瘡痍

ái

癌

疒 + 嵒

一種因細胞病變而形成的惡性腫瘤

- 「嵒」跟「巖」有同樣的意思，是一種高而險峻的山；而因細胞病變形成的惡性腫瘤也像險峻的高山一樣，是凹凸不平的。
- 癌症、癌變、防癌、肝癌

liáo

療

疒 + 尞

醫治

- 「尞」是指古代拜神祈福消災時所舉的火把。而古人生病時也常去拜神祈福消災，希望能很快痊癒。
- 療養、療效、療傷、治療、醫療

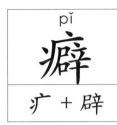

pǐ
癖
疒 + 辟

一種積久成習的特殊嗜好

● 「癖」的本義是指腹中積食不消化。「辟」有法的意思，而法律是堅固很難移動的，加上「疒」偏旁便表示食物積存在肚子裏很難消化，後來引申作積久成習的特殊嗜好。

● 怪癖、癖好

chī
癡
疒 + 疑

不聰明；迷戀

● 「疑」有迷惑的意思，加上「疒」偏旁便表示迷惑的程度已經幾乎成為病態了。

● 癡迷、癡情、如癡如醉、癡心妄想、癡人說夢

癢

yǎng

疒 + 養

皮膚受到刺激而忍不住想搔抓的感覺

- 「養」有取的意思。當皮膚受到刺激想搔抓時，手搔抓皮膚的樣子就像要抓取什麼東西似的。

- 心癢、止癢、發癢、不痛不癢、隔靴搔癢

癱

tān

疒 + 難

因神經發生障礙而使肢體不能運動的病

- 「難」有艱難的意思。當神經受到障礙時，肢體想要運動自如便成了一種很艱難的事。

- 癱倒、癱瘓、癱軟

Q Q 小站

你知道「不求人」是指怎樣的東西嗎？它的功用是什麼呢？

衣 的 家 族

「衣」是衣服。跟衣服的名稱、製作有關的字，大多有一個「衣」偏旁，當作部首時寫成「衤」。

chū

初

衤 + 刀

開始

- 拿起剪刀來剪製衣的布料，也就是縫製衣服的開始，所以「初」有開始的意思。

- 初步、起初、當初、大夢初醒、完好如初

biǎo

表

士 + 衣

外部、外面

- 在小篆中，「表」字寫的就像在一件衣服外面再罩上另一件衣服，如此罩在上面的那件衣服就與裏面這件有別，相對的就是露出在外面了。

- 表示、表格、外表、發表、虛有其表

shān

衫

衤 + 彡

衣服的通稱

- 「彡」有紋飾的意思，即是裝飾用的線條或圖案，加上「衣」偏旁便表示這些線條或圖案是畫在衣服上的。

- 襯衫、衣衫不整、衣衫襤褸

tǎn
袒
衤 + 旦

脫去或敞開衣服

- 「旦」是太陽升上地平線、大放光明。而人脫去或敞開衣服，也會讓原本遮蔽住的身體露出來，讓別人一眼就清楚地看到。
- 偏袒、袒護

xiù
袖
衤 + 由

衣服套在手臂上的筒狀部分

- 「由」有從、貫通的意思。袖子是衣服上可以讓手臂穿過去、伸出來的部分，也有貫通的意味。
- 袖子、袖釦、領袖、兩袖清風、袖手旁觀

bèi
被
衤 + 皮

睡覺時用來覆蓋在身體上的東西

- 「皮」是包裹在身體最外面的一層組織。睡覺時蓋被子，也是用被子來覆蓋包裹全身。
- 被子、棉被

páo
袍
衤 + 包

長形的衣服

- 「包」有覆蓋的意思。袍子通常是覆蓋在最外面的長形衣服。
- 同袍、袍子、旗袍、長袍、龍袍

dài

袋

代 + 衣

可裝東西的器具，通常用皮革布帛做成

- 「代」含有替的意思。袋子（或口袋）通常是衣服的附屬品，可以用來裝東西，以替代手攜帶東西的麻煩。

- 袋子、口袋、手袋、袋鼠、腦袋

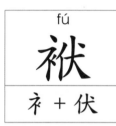

fú

袱

衤 + 伏

包東西用的方形布巾

- 「伏」有覆的意思。用方形布巾將東西包在裏面，就像穿衣服可以覆蓋住身體一樣。

- 包袱

衣

cái

裁

㦮 + 衣

用刀剪割裂布匹或紙張等

- 「㦮」字是由「才」和「戈」組成的，因此含有傷害的意思。而用刀剪來剪斷布匹，也等於是傷害了布匹的完整性，讓它能合適於縫製衣服。

- 裁縫、裁定、制裁、獨裁、別出心裁

liè 裂 列 + 衣

殘缺不全

- 「列」有分解的意思。衣服分解則殘缺不全。
- 破裂、撕裂、裂開、天崩地裂、四分五裂

qún 裙 衤 + 君

圍在腰下的服裝

- 「君」在這裏是「羣」的省略,有眾多的意思。而古代的裙子通常是由多幅布帛連綴而成的。
- 裙子、短裙、圍裙

bǔ 補 衤 + 甫

修理破損的東西

- 「甫」是指古代對男子的美稱,所以有美好的意思。衣服破了,將它縫綴完好如初,就是「補」。
- 補助、補救、補習、補貼、亡羊補牢

yù 裕 衤 + 谷

富足、豐富的

- 「谷」是泉水通往大河前,先流經夾在兩山間的低窪處,所以聚集了非常豐沛的水。而「裕」的本義就是衣服很多,多得像山谷裏的水一樣。
- 充裕、富裕、寬裕、餘裕

chéng

裎

衤 + 呈

脫掉

● 「呈」含有呈現、明白顯露的意思。赤身不穿衣服，則整個身體都會明白顯露在別人面前。

● 裸裎相見

zhuāng

裝

壯 + 衣

衣飾的通稱

● 「壯」有盛大的意思。而衣飾通常是加在衣服外面，用來使整體更加美觀、體面的。

● 安裝、包裝、裝扮、裝模作樣、整裝待發

luǒ

裸

衤 + 果

不穿衣服的光着身子

● 「果」是植物的果實，通常掛在樹上沒掩蔽就容易被人看到；而人沒有穿衣服時，身體也很容易被別人看到。

● 赤裸、裸露、裸體

zhì

製

制 ＋ 衣

作、造

- 「制」有裁斷的意思。裁斷布帛，就可以拿來做衣服了。
- 自製、調製、監製、製作、製造

fù

複

衤 ＋ 复

多的；不簡單的

- 「複」的本義是有內裏的衣服，就是這衣服是雙層的。而「复」原指把走過的路再走一次，就有了重疊的意思。一件衣服有內外兩層，就是重疊的「重衣」，也就是「複」。
- 複習、複製、複雜、繁複、錯綜複雜

bǎo

褓

衤 ＋ 保

包裹嬰兒的布

- 「保」有保養及養育的意思。將嬰兒包裹在布巾中，以方便照顧養育。
- 襁褓

　　「襁褓」兩字合稱是指背負小孩的用具，也引申出小孩年齡幼小的意思。

衣

tuì 褪 衤 + 退

脫掉

- 「退」指有退除的意思。將衣服退除就是脫衣服。

- 褪色、褪毛

117

rù 褥 衤 + 辱

睡覺時墊在身體下的臥具

- 「辱」有在下面的意思。而褥子是提供給人坐臥在上面用的，有墊在身體下的意味。

- 牀褥、被褥

qiǎng 襁 衤 + 強

背小孩的寬布條

- 「強」含有強韌、堅固的意思。將寬布條加在幼兒體外以方便背負，這布條對幼兒來說就像加在外面的衣服一樣，必須要堅固柔軟。

- 襁褓

jīn

襟

衤 + 禁

上衣胸前互相接合的部分

- 「禁」含有禁止、抵禦的意思。衣襟是掌管衣服開合的部分，有抵禦風寒的效用。

- 衣襟、胸襟、正襟危坐、捉襟見肘

wà

襪

衤 + 蔑

穿在腳上用來保護或保暖的紡織品

- 「蔑」含有蔑視、輕視的意思。襪子跟保護身體必不可少的衣裳比起來，可有可無，所以重要性是比較低下的。

- 襪子、絲襪、褲襪

chèn

襯

衤 + 親

內衣；貼近

- 「親」有親近的意思。而內衣是最親近、貼近人體的一層衣服。

- 映襯、陪襯、襯衫、襯衣、襯托

QQ小站

　　你猜猜袋鼠或樹熊是公母都有育兒袋，由雙方輪流養育後代，還是只有母的有育兒袋呢？而海馬的育兒袋是長在海馬媽媽還是海馬爸爸的身上呢？

糸 的 家 族

「糸」是細絲，跟絲織品名稱、特性或與絲相關活動的字，大多有一個「糸」偏旁，當作部首時寫成「糹」。

xì

系

ㄧ + 糸

有關係的事物；連繫

● 「糸」是細絲，而「ㄧ」則是將細絲連繫起來的繩索，所以「系」就是將有關係的事物連繫起來。

● 系列、系統、母系、星系、體系

jiū

糾

糹 + ㄐ

纏繞

● 「ㄐ」在小篆中畫的是兩股絲線互相纏繞的樣子，再加上「糸」偏旁用來強調絲線容易纏繞的特質。

● 糾正、糾紛、糾結、糾纏、糾察

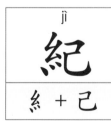

jì

紀

糹 + 己

規矩、法度

● 這裏的「己」在古文中畫的是一股彎曲、束好的絲線，很有條理地擺放着，加上「糸」偏旁強調這是已經整理好的絲線。

● 紀念、紀律、年紀、紀錄

限制

- 這裏的「勺」在古文中畫的是一個人的側面,加上「糸」偏旁表示這人的手和腳被絲線纏繞,因此有束縛、限制的意思。

- 大約、約束、約定、不約而同、約法三章

亂

- 這個字和「紋」一樣都是由「文」和「糸」組成的,但是在這裏的「文」我們取用它線條交錯的意思,加上「糸」偏旁表示絲線的交錯與錯亂。

- 紊亂、有條不紊

布帛上的紋彩

- 「文」在古文中畫的是交叉錯畫的線條,加上「糸」偏旁表示在絲織品或布帛上加線條來當作裝飾。

- 紋理、波紋、指紋、花紋、紋風不動

輕軟細薄的絲織品

- 「少」有細小的意思。而紗是用絲織成的、織孔微細的絲織品。

- 紗布、紗窗、面紗、婚紗、烏紗帽

等第、次第

- 「及」是由後面追上前方，因此有前後次第的意思，再加上「糸」偏旁表示依絲的品質來分等第。

- 年級、級別、等級、班級、超級

紊亂；眾多的樣子

- 「分」有別的意思，表示依類別不同而有所分別，再加上「糸」偏旁指絲的種類眾多。

- 紛飛、紛爭、紛擾、繽紛、議論紛紛

纏在樂器上用來彈奏發聲的絲線

- 「玄」有微妙的意思。而絃是纏在樂器上，用來彈奏發聲的絲線，能以微細的絲線來發出美妙的樂音，實在是一件很微妙的事。

- 錦絃、絃管

纏束

- 「札」是薄小的木片，古代多拿來作書寫用，加上「糸」偏旁表示用絲線將這些小木片纏束在一起，以方便書寫時取用。

- 捆紮、駐紮、紮營、包紮、穩打穩紮

微小

- 「田」在此不是指田地，而指剛出生嬰兒頭蓋骨未密合的地方 —— 俗稱「囟門」，加上「糸」偏旁表示頭蓋骨的接縫非常細密，就像絲一樣微細。

- 細小、細微、仔細、精打細算、精挑細選

結束

- 冬天是一年之中的最後一個季節，所以含有結束的意味。而「終」字在甲骨文和金文的寫法都是在一條繩子的兩端打結，也有在此結束的意味。

- 終日、終生、終點、曲散人終、貫徹始終

總攬管理

- 「充」有充實的意思。將所有的絲線總攬來管理，便有了充實的意味。

- 系統、統計、統籌、傳統、不成體統

jié
結
糹 + 吉

聯合

- 「吉」有祥和與美善的意思。用絲線將兩者緊密地聯合，讓彼此關係祥和、美善。

- 結伴、結束、團結、張燈結綵、瞠目結舌

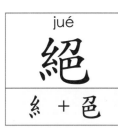

jué
絕
糹 + 邑

斷

- 「邑」是由「刀」和「巴」（巴的古文畫作「卩」，即是「節」）組成的。「節」有節度的意思，所以「絕」是用刀割斷絲線，讓絲線的長短有節度，後來多取「斷」的意思。

- 拒絕、斷絕、絕對、拍案叫絕、絡繹不絕

sī
絲
糹 + 糸

蠶所吐的細線

- 「絲」是由兩個「糸」所組成的，用來強調絲是由兩股細線糾合而成的。

- 絲巾、絲帶、絲毫、絲綢、一絲不苟

jīng
經
糹 + 巠

織物的直線

- 「巠」的本義是指地下的水脈，有源遠流長的意味，所以「經」就是直且長的絲線。

- 已經、經典、經常、天經地義、經年累月

mián
綿
糸 + 帛

細密；連續不斷

● 「帛」是由細微的絲所織成的。要將絲織成帛，必須將細微的絲連續不斷地連綴起來，因此「綿」就有連續不斷的意思。

● 綿羊、綿密、海綿、連綿、綿綿不絕

biān
編
糸 + 扁

把分散的事物按照條理或順序排起來

● 「扁」的本義是匾額，是掛在門戶上題有文字的木板，這裏取用「木板」的意思，加上「糸」偏旁表示用絲繩穿過木板，將它按順序串聯起來，以便取用閱讀。

● 編制、編者、編排、編輯、改編

liàn
練
糸 + 柬

反覆學習；熟悉

● 「柬」是由「束」和「八」組成的，因此有將成束的東西解開，再依種類分別的意思。而在煮絲的時候，也是要將已熟和未熟的絲分開，以免絲煮得過熟或不熟，而要分辨絲已熟或不熟也必須經過反覆的學習才能熟悉。

● 練習、訓練、教練、熟練、歷練

wěi
緯
糸 + 韋

織物的橫線

● 「韋」有相背的意思。在織東西時常以直立的經線為準，再將緯線一上一下反覆地穿過經線，使經緯線相交。

● 北緯、經緯、緯線、緯度

jī

緝

糹 + 咠

搜捕

- 「咠」是由「口」和「耳」組成，含有口耳相接、近密的意思，加上「糹」偏旁更強調了細密，而搜捕犯人時也必須有細密的心思與行動。

- 緝私、追緝、緝兇、緝拿、通緝

yuán

緣

糹 + 彖

順沿；圍繞

- 「緣」的本義是圍繞在衣領周圍的鑲邊；而「彖」是一種獸類，古人多用獸的毛皮來做衣領的裝飾。

- 結緣、緣份、一面之緣、因緣際會、無緣無故

huǎn

緩

糹 + 爰

不急、慢

- 「爰」的本義是援引，而上下相援引，為了顧及安全，態度一定是從容不迫的，引申有寬舒的意思。而絲也給人一種柔軟的感覺，因此「緩」便有了平和、寬舒的意思。

- 緩和、緩慢、延緩、刻不容緩、輕重緩急

xiàn

線

糹 + 泉

用絲棉麻等做成的細長東西

- 泉水含有源源不絕流出的特性，因此有綿長的意味，而線也是有綿長的意味。

- 天線、光線、線索、穿針引線、斑馬線

xiàn

縣

臬 + 系

繫掛，通「懸」字

- 「縣」的本義是繫掛，左邊的「臬」畫的是倒掛的頭，還有三根頭髮（其實是指很多頭髮）往下垂。右邊的「糸」則有連繫的意思，所以「縣」便是用絲繩將頭繫着倒掛起來。後來這個字被借去當作地方行政區域的名稱，因此另外造出「懸」字來表示繫掛的意思。

- 縣界、縣境、縣長

jì

績

糸 + 責

成效

- 「責」有要求的意思。而整理絲線時，必須要求勻細、接續不斷，如此才能達到好的成效。

- 功績、佳績、成績、戰績、豐功偉績

bēng

繃

糸 + 崩

纏束

- 古代君主避諱說「死」字，因此常拿山崩的「崩」來代替「死」字。而古人去世之後，常拿布帛緊纏住遺體以便入棺下葬，因此「繃」的本義就是纏束死者的布帛，現在多只取用「纏束」的意思。

- 繃帶、繃緊、緊繃

用針線連綴

- 「逢」含有相逢、遇合的意思。用針線縫衣服，就是要使布帛彼此間能夠緊密相合。
- 縫合、縫製、縫紉、裁縫

合；統領

- 「悤」有匆忙的意思，加上「糸」偏旁表示整理絲線時，假如速度不快，絲線就很容易混亂，因此「總」的本義便是快速聚集、整合眾多的絲線。
- 總之、總共、總算、總體、林林總總

放任、不加拘束

- 「從」有隨順的意思，加上「糸」偏旁表示隨順絲線的自然狀態，而不將它收束起來。
- 縱容、縱然、天縱英明、欲擒故縱、縱虎歸山

眾多的；複雜的

- 「敏」的本義是快速生長，加上「糸」偏旁表示絲線快速增多，而絲線一多又來不及整理，便會顯得龐雜紛亂。
- 頻繁、繁多、繁忙、繁華、繁文縟節

zhī

織

糸 ＋ 戠

用絲棉麻等編製成物

● 「戠」的本義是合，再加上「糸」偏旁表示編製物品時，必須使絲的經緯線密合。

● 織女、織布、交織、組織、紡織

xì

繫

毄 ＋ 糸

連接

● 「毄」的本義是指拿着長棍子去敲打車軸頭，因此有擊中的意思，加上「糸」偏旁表示彼此合意、緊密相連。

● 聯繫、維繫

huì

繪

糸 ＋ 會

畫

● 「會」有會合的意思。古代在紙還沒發明前，多用絲絹作畫，所以「繪」便是使五彩的顏料在絲絹上相合。

● 描繪、繪像、繪圖、繪製、繪聲繪色

xiù

繡

糸 ＋ 肅

用彩色的絲線在布面上縫出花紋

● 「肅」有嚴肅及慎重的意思。要繡出美麗的花紋，必須運用匠心巧手，是一件必須慎重從事的工作。

● 刺繡、錦繡、繡球、繡花、花拳繡腿

xù

續

糸 + 賣

連接

- 小販在沿街叫賣時，通常聲音都是接連不斷的，而這裏的「賣」取用接連不斷的意思，加上「糸」偏旁表示絲線是接連不斷的。

- 手續、連續、持續、陸續、斷斷續續

xiān

纖

糸 + 韱

細

- 「韱」是指一種細長的野生韭菜，這裏取用細長的意思。而絲線本身也是很細長的，所以「纖」就有非常細的意思。

- 纖細、纖維、纖弱、穠纖合度

糸

129

倉 頡 大 仙 講 古

【紙】紙是中國的四大發明之一。東漢和帝時，由中常侍蔡倫發明，蔡倫用破布、麻頭、漁網和樹皮的纖維造出了紙，所以紙又稱為「蔡侯紙」。在紙還沒有被發明以前，文字是書寫在竹片或是白絹上，成堆的竹片很笨重、又佔空間，而白絹則很昂貴，所以一直到發明了紙以後，書寫才變得較為容易，知識也就更易於傳播了。

QQ小站

　　「紙包不住火」是用來比喻做了壞事一定會被人發現的，因為就常理來說，火會把紙燒掉，所以紙便包不住火。但是，現在有一種「紙火鍋」，卻能放在火上燒煮食物，為什麼紙做的火鍋不會被火燒掉呢？

舟 的 家 族

「舟」是船，跟船有關的字，大多有一個「舟」偏旁。

háng
航
舟 + 亢

小船在水面上前行

- 「亢」的本義是人的脖子，脖子是連接頭顱與身體的重要部位，因此有連接的意思。而小船在水面上前行也是為了要接通兩岸的人物。

- 航行、航空、航海、航線、航機

fǎng
舫
舟 + 方

船

- 「方」有併合之意，加上「舟」偏旁表示這是可以兩船互相併連的船。

- 遊舫、畫舫

duò
舵
舟 + 它

控制船行進方向的裝置

- 「它」是「蛇」字最早的寫法，畫的就是一條昂頭吐信的蛇；蛇的行動非常靈活，可左右隨意移動，而放置在船尾的舵也像蛇一樣，可以自由掌控船的行進方向。

- 舵手、掌舵、見風轉舵、順風轉舵

xián 舷 舟 + 玄	**船邊** ● 「玄」在這裏是「弦」的省略，弦是搭在弓的邊沿上，在這裏取用「邊沿」的意思，加上「舟」偏旁便表示船的邊沿。 ● 右舷、左舷、船舷

bó 舶 舟 + 白	**航行海洋的大船** ● 「白」在這裏是「泊」的省略，有停泊、止宿的意思。大船的航行區域比較遠，因此有提供乘客在船上住宿休息的地方。 ● 船舶、舶來品

一種可載人運貨的水上交通工具

chuán 船 舟 + 㕣	● 「㕣」在這裏是「沿」的省略，加上「舟」偏旁表示船是沿着水流方向前進的。 ● 船員、船隻、船舶、船隊、水漲船高

輕便的小船

tǐng 艇 舟 + 廷	● 「廷」的本義是指天子聚集臣下論政的場所，

必須方便活動，這裏取用「方便行動」的意思，加上「舟」偏旁表示這艘小船是很輕便、易於行動的。

- 快艇、汽艇、潛艇、遊艇、艦艇

船內用來裝貨或供人休息的地方

cāng

艙
舟 + 倉

- 「倉」是貯藏穀物的地方，加上「舟」偏旁表示這是船上可供人或物休息的地方。
- 客艙、座艙、船艙、貨艙、太空艙

戰船

jiàn

艦
舟 + 監

- 古代的戰船要在四周加板子來抵禦箭石的攻擊，就像監獄的四周也要建築堅實一樣。
- 船艦、軍艦、戰艦、艦隊、艦艇

QQ小站

　　你聽過「刻舟求劍」的故事嗎？這故事是說有個楚國人，他坐船的時候，手中的劍不小心掉到江中，所以他便在船邊刻記號說那是他的劍掉落的地方，等船航行到江邊，他再下水去找船邊刻記號的地方。請問他用這種方式可以找到他掉落的那把劍嗎？為什麼？

行 的 家 族

「行」在甲骨文中畫的是可供人走路的四通八達道路，跟走路、道路有關的字，大多有一個「行」偏旁。

yǎn
衍
行 + 氵

水流通暢的；繁盛；多餘的

● 「氵」是水。水流經四通八達的大道是通暢無阻的，也會使周圍物產繁盛，引申有多餘的意思。

● 衍伸、敷衍、繁衍

jiē
街
行 + 圭

四通八達的道路

● 「圭」是一種美玉，質地平坦堅實，加上「行」偏旁表示這四通八達的道路是平坦堅實的。

● 街坊、街道、街頭、街頭巷尾、街談巷議

yá
衙
行 + 吾

古代官署的名稱

● 「吾」在這裏是指執金吾的官銜。執金吾是漢朝時執掌京城治安的官吏，加上「行」偏旁表示官署查緝不法的網絡四通八達。

● 官衙、衙門、縣衙

chōng 衝 行 + 重	**交通要道；向前闖** ● 「重」在這裏是「動」的省略，有活動、行動的意思。便於行動的四通八達道路，當然就是交通要道囉！ ● 衝突、衝鋒、衝動、首當其衝、橫衝直撞

wèi 衛 行 + 韋	**防護** ● 「韋」含有彼此相背的意思。在交通要道設置彼此背靠着背站立的守衛，便有防護的意思。 ● 防衛、保衛、捍衛、衛生、衛星

héng 衡 行 + 奐	**平** ● 「奐」是指橫放在牛角上，使牛角不能撞觸到其他人或物的大木頭，加上「行」偏旁表示這頭牛走在大路上，為了使牛可以好好行走，這根大木頭也必須保持水平。 ● 平衡、均衡、抗衡、制衡、衡量

qú
衢
行 + 瞿

四通八達的大道

- 「瞿」是鳥四處張望，加上「行」偏旁表示這道路是四通八達的。

- 通衢、衢道

QQ小站

「行行出狀元」是指在每一種行業都會有傑出表現的人。想想看，你的志願是什麼呢？你想怎麼達成你的志願呢？

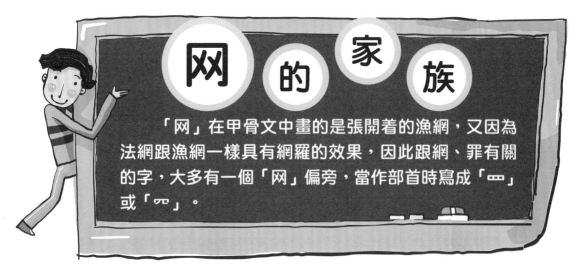

「网」的家族

「网」在甲骨文中畫的是張開着的漁網，又因為法網跟漁網一樣具有網羅的效果，因此跟網、罪有關的字，大多有一個「网」偏旁，當作部首時寫成「罒」或「冖」。

zhì

置

罒 + 直

放

- 「直」含有正直、剛正的意思。正直的人就算被誤抓入法網中，也是很快就能證明清白釋放出去的。

- 安置、位置、放置、本末倒置、置身事外

shǔ

署

罒 + 者

辦公的地方

- 「者」是指出這個東西的代名詞。而古代辦理處分罪犯的地方，就是官署了。

- 署理、署長、部署、簽署、警署

zhào

罩

罒 + 卓

遮蓋在外面的東西

- 「罩」本義是指一種竹編的捕魚器具，像漁網一樣有孔；而「卓」有高的意思。捕魚的器具通常有一部分高出水面，以方便漁夫拿，因為這種捕魚器具可把魚罩在裏面，所以又引申出遮蓋的意思。

- 口罩、面罩、頭罩、燈罩、籠罩

犯法的、有過失的

- 「非」有錯的意思。法網就像漁網一樣，會把犯錯的人捕捉到裏面。

- 犯罪、罪人、罪犯、罪行、罪魁禍首

懲治、處分

- 重罪要用刑；輕罪則用罰。「罰」的下面是由「言」以及「刂」組成的，表示以口宣讀罪行，並持刀給予處罰，上面的「罒」則表示已經被捕入法網中的罪犯。

- 刑罰、罰款、處罰、懲罰、賞罰分明

用惡毒難聽的話侮辱人

- 「馬」是一種擅長奔跑的動物，引申有迫近的意思。用難聽的話侮辱人，就像把網子套在他人身上逼迫一樣。

- 打罵、責罵、罵人、破口大罵、指桑罵槐

bà

罷

四＋能

免去、解除；停止

- 「能」有賢能、才能的意思。賢能的人就算被誤抓入法網中，也會很快證明清白釋放出去。

- 作罷、罷了、罷工、欲罷不能、善罷甘休

lí

罹

四＋忄＋隹

遭遇、遇到；憂患

- 「隹」是指鳥；而「忄」是心。被網子捕捉到的鳥兒，心裏一定是憂心忡忡的。

- 罹難、罹患

luó

羅

四＋糸＋隹

捕鳥獸的網子；收集

- 「糸」是指三股纏繞在一起的絲線。而捕鳥獸的網子就像互相交纏的絲線一樣，可以把鳥獸緊緊地困在裏面。

- 網羅、天羅地網、包羅萬象、普羅大眾、門可羅雀

jī

羈

四+革+馬

馬絡頭;拘束、束縛

- 「羈」的本義是馬絡頭,是一種套在馬頭上用來絆繫着馬的器具,通常是用皮革做成,它的作用就像網子一樣,可以限制、控制馬的行動,所以又引申出束縛的意思。

- 羈絆、羈留、羈束、羈押、放蕩不羈

有句俗話說:「法網恢恢,疏而不漏。」這「恢恢」究竟是什麼意思呢?查查看,告訴我吧!

網

見的家族

「見」是用眼睛看東西，跟看的動作有關的字，大多有一個「見」偏旁。

視
shì
示 ＋ 見

看

- 「示」是指神祇。神祇能看見遠的、觀察到細微的。

- 忽視、注視、視野、視若無睹、虎視眈眈

規
guī
夫 ＋ 見

畫圓形的工具；法則

- 「夫」是已成年的男子。凡是已成年男子的所見所為，都要合乎規矩法度。

- 犯規、規定、違規、中規中矩、墨守成規

覓
mì
爪 ＋ 見

尋找

- 用爪子來扒挖尋找，使東西可以顯露出來。

- 覓食、尋覓

| chān
覘
占 + 見 |
| --- |

暗中窺看

● 「占」是占卜。古人占卜是為了要窺測吉凶禍福，所以有暗中窺看神祇旨意的意思。

● 覘兵、覘標

| qīn
親
亲 + 見 |
| --- |

有血緣關係的人

● 「亲」是「榛」的古字，即一種有刺的荊棘，這種植物長得很密，就像有血緣關係的人彼此關係很親密一樣；而越常見面的，情誼也會越深厚。

● 親人、親切、雙親、和藹可親、舉目無親

悟

- 「⺍」在這裏是「學」的省略。人透過學習則見識廣博，自然就很容易領悟事理了。
- 直覺、發覺、覺悟、覺醒、不知不覺

看

- 「監」有從上往下看、飽覽全局的意思，下面加上「見」偏旁，更強調「看」的這個動作。
- 展覽、博覽、遊覽、瀏覽、一覽無遺

看

- 「雚」在此是「鸛」字的省略。鸛是種視力很好的猛禽，再加上「見」偏旁更為強調「看」的這個動作。
- 觀光、壯觀、參觀、袖手旁觀、歎為觀止

ＱＱ小站

　　你有沒有打過蒼蠅？當你悄悄地靠近蒼蠅才剛舉起手，蒼蠅很快地就飛走了，難道蒼蠅背後有長眼睛嗎？其實答案就在蒼蠅的眼睛裏，你知道答案嗎？

言 的 家 族

「言」是說話，跟語言、說話有關的字，大多有一個「言」偏旁。

jì

計

言 ＋ 十

核算

- 「十」是指一個完整的數目字。以十為單位累計往上算，為百千萬等，加上「言」偏旁表示出聲數算。

- 生計、合計、計算、不計其數、從長計議

dìng

訂

言 ＋ 丁

預定；修正

- 「丁」是「釘」字最早的寫法，有堅固、平整的意思，再加上「言」偏旁表示商討計議必須公正客觀，才能平正深入且堅固。

- 訂婚、訂立、訂定、制訂、簽訂

fù

訃

言 ＋ 卜

報告喪事

- 「卜」有卜算的意思。古人辦喪事要擇期，所以必須經過卜算，而「訃」是為了告訴他人死者死亡之日和喪事進行之日。

- 訃文、訃告

將事物寫下來

- 「己」在古文中畫的是一束已經整理好的絲線，彎曲的平放着，以便與其他絲線有所分別。而將他人口中所說的話記錄下來，也要像整理絲線一樣清楚、有條有理。
- 日記、記得、記錄、登記、記憶猶新

整治；征伐

- 「寸」含有分寸、法度的意思，再加上「言」偏旁表示研議事理、使合法度，所以「討」便有了整治、征伐的意思。

- 討論、研討、商討、探討、自討苦吃

詢問

- 「卂」是鳥類振動翅膀快速飛翔的樣子，所以有快速的意思。而詢問人時，也有想快速知道答案的意味。
- 訊問、訊息、訊號、聞訊、資訊

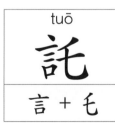

寄附；依靠

- 「乇」是「托」字最早的寫法，有推的意思，加上「言」偏旁表示以言語將人事物推附給他人，請他人代為照料。
- 託福、委託、拜託、請託、寄託

xùn

訓

言 + 川

教導、勸誡

- 「川」是水流順暢的水道。以言語教導或勸誡人，讓他走上正道或順途，就是「訓」。

- 訓話、教訓、培訓、集訓、不足為訓

fǎng

訪

言 + 方

向人詢問調查

- 「方」在小篆中畫得就像兩艘船頭已經併合的小船，所以有將兩者合一的意味，再加上「言」偏旁表示向眾人詢問調查，也有以眾人意見為依據的意味。

- 訪問、拜訪、探訪、查訪、明查暗訪

jué

訣

言 + 夬

永遠分別

- 「夬」在這裏是「決」的省略，含有決定、堅決的意思。而要向人傳遞永遠分別的意念時，心中一定要下很大的決心。

- 口訣、祕訣、訣別、訣竅、要訣

xǔ

許

言 + 午

答應

- 「午」在小篆中畫的是將釘子貫穿入物體的樣子，有由上至下貫通的意思，加上「言」偏旁表示透過語言傳達彼此貫通的意念，因此能獲得應允。

- 也許、不許、許可、幾許、以身相許

布置、陳列

- 「殳」是指長兵器，再加上「言」偏旁表示以言語指示人拿着器物去布置。
- 架設、設計、設立、天造地設、設身處地

爭辯；打官司

- 「公」含有公正無私的意思。以言語互相爭辯，希望得到公正無私的結果，就是「訟」。
- 訴訟

傳聞不實的；錯誤

- 「化」有變幻的意思，加上「言」偏旁表示虛假的言語大多變幻無常。
- 訛詐、訛傳、以訛傳訛

用來解釋或說明的文字；記載

- 「主」是「炷」字最早的寫法，指火燭。火燭有照亮黑暗隱微處的功用，而在文章旁加上解釋或說明的註解文字，也有能幫助了解字義與文章內容的功用。
- 註冊、註明、註銷

yǒng
詠
言 + 永

吟唱

- 「永」有永久、悠長的意思，而吟唱詩歌時通常音調都會拉長。

- 吟詠、歌詠

píng
評
言 + 平

用公平的態度判斷是非好壞

- 「平」有公平的意思。要判斷事理的是非好壞時，必須秉持公平的態度。

- 批評、評價、評論、評頭品足、佳評如潮

cí
詞
言 + 司

代表一個觀念的文字或語言

- 「司」含有掌理的意思，而「詞」是由口或手將內心所掌理的意念傳遞出來的形式。

- 台詞、詞典、單詞、振振有詞、強詞奪理

zǔ
詛
言 + 且

祈求鬼神降禍給人

- 「且」在甲骨文裏畫的是一個神主牌的形狀，在這裏引申指鬼神。要詛咒他人時，往往會祈求鬼神降下災禍給被詛咒的那個人。

- 詛咒

欺騙

- 「乍」有短暫、剎那之間的意思。而欺騙人的言語只能暫時愚弄無知的人，久了就會被揭穿的。

- 奸詐、詐騙、敲詐、兵不厭詐、爾虞我詐

說、陳述

- 「斥」含有排斥、抗拒的意思，加上「言」偏旁表示因為抗拒對方，而向第三者陳述實情。

- 上訴、告訴、訴苦、訴說、如泣如訴

察看、檢查

- 「㐱」的本義指稠密的頭髮，引申有細密的意思。而醫生在診察病人的時候，一定要特別地細心、仔細地檢查出病人的症狀。

- 門診、問診、診察、診所、診斷

考驗；試探

- 「式」的本義是法度。要考驗一個人的能力是不是適用，必須先依法度審查他的言論見解是否正確。

- 考試、試用、嘗試、以身試法、躍躍欲試

一種文學體裁

- 「詩」是一種可以表現情感與志向的文學體裁，而「寺」是古代的官署，古代的士人都以能夠求得功名、有所貢獻為最大的志向。

- 詩句、詩歌、唐詩、如詩如畫、詩情畫意

說大話；炫耀；讚美

- 「夸」有大的意思，再加上「言」偏旁便表示說大話、說話言過其實。

- 浮誇、誇張、誇口、誇耀、誇下海口

真實

- 「成」含有就的意思，加上「言」偏旁表示要以真實的言語與人交接。

- 忠誠、坦誠、誠信、心悅誠服、開誠布公

言語

- 「舌」在這裏是「活」的省略，指像水流一樣順暢流動，加上「言」偏旁表示此人說話順暢如活動的流水。

- 話劇、童話、電話、講話、話不投機

詐偽

- 「危」含有危險、驚險的意思。想以言語來詐偽他人時，通常會說出讓那人產生危機感的話，如此便能輕易達到自己的詭計。

- 弔詭、詭辯、詭異、詭譎、詭計多端

查問；徵求意見

- 「旬」有滿、遍及的意思，加上「言」偏旁表示向眾人詢問調查時，應該先將自己的語意表達明確、周全。

- 查詢、詢問、質詢、徵詢、諮詢

責罵；恥辱

- 「后」在這裏是「垢」的省略，指污垢、污穢。人通常以蒙上污穢為恥辱，對於身蒙污穢的人也常會出言責罵。

- 詬病、詬罵

用言語來表達心意

- 「兌」在這裏是「悅」的省略，有愉悅、喜悅的意思，而用言語來表達心意就是要明白暢通，讓聽的人也能明瞭並接受，如此則雙方的心裏都能感到愉快。

- 小說、說話、傳說、眾說紛紜

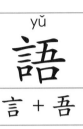

yǔ

語

言 ＋ 吾

說

- 「吾」是我的意思，再加上「言」偏旁表示我說的話，也是向人表達我的心意、意見。
- 語言、語句、評語、鳥語花香、竊竊私語

wū

誣

言 ＋ 巫

欺騙；捏造事實來毀謗人

- 「巫」是指裝神弄鬼或替人向神祈禱的人，由巫師口中說出來的話常常荒誕不可相信，再加上「言」偏旁表示說出的話是憑空架構、不真實的。

- 誣賴、誣告、誣陷、誣害、誣衊

rèn

認

言 ＋ 忍

辨別；同意

- 「忍」是指心字頭上有一把利刃，而利刃容易傷人，所以具有重要關鍵的話在開口前要先思索過再謹慎說出。
- 公認、否認、認同、認識、俯首認罪

用話勸告或警告別人

- 「戒」有警戒、戒止之意，加上「言」偏旁表示用話來警戒別人，使他知道警惕。

- 申誡、告誡、訓誡、誡令、規誡

相約共守的話

- 「折」有斷的意思。古代在定下誓言時，常常會將信物斷成兩半，由兩方分別執持來當作約定。

- 宣誓、發誓、誓言、誓詞、信誓旦旦

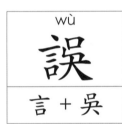

錯失

- 「吳」的本義是高談闊論、說大話。而當人在說大話時往往會失去真實性、正確性，而錯失也通常由此而起。

- 錯誤、誤會、誤解、誤人子弟、誤入歧途

教導

- 「每」在這裏是「晦」的省略，有陰暗不明的意思。而教導的功用就是要將人由陰暗不明處引領到光明通曉處。

- 訓誨、教誨、誨人不倦、諄諄教誨

教導、勸引

- 「秀」的本義是穀類華美的果實，這裏取用華美的意思，而要教導人往往要以美言美語來勸引他。

- 引誘、誘發、誘惑、循循善誘、威逼利誘

交情；合於正當的原則或道理

- 「宜」含有合宜、適宜的意思，而「言」有裁斷的意思，裁斷事物使它合宜、適宜，就是「誼」。

- 友誼、交誼、情誼、聯誼、地主之誼

寬恕；誠實可信賴的

- 「京」的本義是人工所造的高丘，這裏取用高的意思。而人的言行高潔，便是指品行良好、足以信賴。

- 見諒、原諒、諒解、體諒

彼此對話

- 「炎」是由兩個火組成的，表示火光往上奔騰。人與人之間的談話也是一句接着一句，或是

一人說完換另一人接話，就像往上奔騰的火光一樣，是接連不斷的。

- 交談、談天、談判、談話、紙上談兵

考驗；學業

- 「果」是樹木所結的果實，加上「言」偏旁表示用言語來考驗人的成果，是不是已經達到一定的標準。
- 上課、課本、課外、課堂、課題

用言語來奉承人

- 「臽」是「陷」最早寫法，有陷阱的意思，再加上「言」偏旁表示故意投人所好，說好話來奉承巴結他，使他掉入預先設定好的陷阱裏，以達到自己的目的。
- 諂媚

混合

- 「周」有周密、周全的意思，加上「言」偏旁表示彼此言語融洽、言合意通，然後萬事得以周全、和諧。

- 格調、強調、步調、陳腔濫調、調虎離山

流傳的俗語

- 「彥」是才學優美的人，而足以傳世、流傳久遠的俗語也通常是美善的。

- 古諺、諺語、俗諺俚語

因禁忌而隱避

- 「韋」含有相背、相反的意思，加上「言」偏旁表示因禁忌而無法公開或直言，必須用隱避的方式來說出。

- 名諱、忌諱、避諱、不可諱言、直言不諱

調和

- 「皆」有一同的意思。彼此言論一致，關係便會和諧。

- 和諧、諧和、詼諧、諧趣、諧音

不把話明講，而將意義隱含在話中，以供人猜想

- 「迷」有迷惑的意思，而謎語的功用就在於讓人產生迷惑難解的感覺，以達到解謎的遊戲效果。

- 猜謎、謎題、謎團、謎語、謎底

虛心不自大

- 「兼」有併的意思。虛心的人可以接納別人的話，因此含有併合的意味。
- 自謙、謙虛、謙厚、謙遜、謙讓

說話；解釋

- 「冓」是交叉疊高的木架，而人說話是為了要溝通、使彼此的心意相通沒有隔閡，就像高高疊起的木架一樣，彼此間是密合的。
- 講話、講究、講座、講求、演講

虛假不實的

- 「荒」含有虛空、迷亂的意思，而謊言大多為虛空不實、以假亂真的話。
- 說謊、謊言、謊話、謊報、撒謊

評論

- 「義」是指合宜的事，而評論事理也是為了要求得一個合宜的結果。
- 抗議、決議、議論、從長計議、街談巷議

比喻

- 「辟」的本義是法，而執法的輕重是依罪的大小來定的，因此有兩者相當的意味。而要用言語作比喻使人容易了解，也要選擇近似、相當的事物。

- 譬如、譬喻

告誡；戒備

- 「敬」含有慎重、嚴肅的意思，而告誡他人的話通常是用嚴肅且慎重的語氣說出的。

- 火警、警方、警告、警鐘、以一警百

將一種語言或文體，用另一種語言或文體傳達出來

- 「睪」在這裏是「驛」的省略；古代驛站是商旅往來休息的地方，聚集了各種不同地方的人，使用的語言也不同，為了方便溝通，必須有傳達彼此意思的方式，而這種方式就是「譯」。

- 編譯、翻譯、譯本、譯者、譯名

布置、陳列

- 「蒦」是用手拿着一隻躲在草叢裏的鳥，所以有持有、保有的意思，加上「言」偏旁表示以言語或行動保全、保衛他人。

- 保護、掩護、擁護、護照、官官相護

譽 yù
與 + 言

讚揚

- 「與」有給予的意思，「譽」就是將善名美稱給予他人。

- 名譽、盛譽、榮譽、聲譽、沽名釣譽

讀 dú
言 + 賣

誦唸

- 當小販沿街叫賣貨物時，通常會不斷地吆喝物品名稱，吸引人過來買他的東西；而古人在誦唸書本時，也是會不斷地吟詠出聲，就像沿街叫賣的小販一樣。

- 朗讀、閱讀、讀者、讀書、百讀不厭

讓 ràng
言 + 襄

謙遜；責備

- 「讓」本義是責備；「襄」是把衣服解開，加上「言」偏旁表示責備人的時候通常會憤怒地將話說盡了，就像把衣服解開讓身體一覽無遺一樣。

- 割讓、轉讓、禮讓、互不相讓、拱手讓人

ＱＱ小站

你有聽過「孔融讓梨」的故事嗎？孔融四歲的時候，常常跟兄長們一起吃梨，可是孔融每次都將大的梨讓給兄長們，而拿最小的梨來吃，假如你是孔融，你會不會這樣做？為什麼？

酉 的 家 族

「酉」是裝酒的容器，跟釀酒、喝酒有關的字，大多有一個「酉」偏旁。

qiú
酋
ヽ + 酉

首領

- 「ヽ」是釀造醇厚的美酒，加上「酉」偏旁表示將美酒放在酒樽裏，既然有美酒當然要請首領先喝啦！

- 酋長、賊酋

pèi
配
酉 + 己

夫妻；合適

- 「己」在這裏是「紀」的省略，指束成一束的絲線，用來與其他色澤的絲線區分，加上「酉」偏旁表示酒質也能依酒的色澤不同而作出分別，就像人的配偶，也要找尋合適的才能一起生活。

- 分配、支配、匹配、配件、配合

zhuó
酌
酉 + 勺

喝酒

- 「勺」是勺子。把勺子放入裝酒的容器中，就是要取酒出來喝了。

- 小酌、酌量、參酌、斟酌、字斟句酌

xù 酗 酉 + 凶

喝酒沒有節制

- 「凶」有惡的意思，喝酒沒有節制，便很容易喝醉逞兇、做出不理智的行為。
- 酗酒

hān 酣 酉 + 甘

喝酒喝得很盡興快樂

- 「甘」有美好的意思。喝酒喝得醺醺然，覺得一切都很美好。

- 酣醉、酣睡、酣飲、酒酣耳熱

chóu 酬 酉 + 州

主客互相敬酒

- 「州」是水中凸起的小陸地，可供暫時休息之用。而主客互相敬酒也以盡興為主，所以要適可而止。

- 酬賓、報酬、薪酬、酬謝、壯志未酬

jiào

酵

酉 + 孝

利用微生物作用，使有機物起泡沫變酸

- 「孝」有孝順、奉養父母的意思，為人子女必須給予父母溫暖的照顧，而用酵母菌使麵團或酒發酵，也要給予適度的溫暖才能發酵成功。

- 酵母、發酵、酵素

suān

酸

酉 + 夋

像醋的味道；傷心

- 「夋」有往前走的意思。醋是酒變味而成的，就像男女間的感情變了，那種傷心的感覺如同鑽心刺骨一樣逼上前來，也有往前的意味。

- 心酸、尖酸、寒酸、鼻酸、酸甜苦辣

kù

酷

酉 + 告

很、極；殘暴

- 「酷」的本義是味道濃烈的酒，而「告」有告知的意思。酒的味道濃烈，則香味撲鼻，很容易就會為人所知。

- 冷酷、殘酷、酷暑、酷熱、嚴酷

chún

醇

酉 + 享

味道香濃的酒

- 「享」在這裏是「熟」的省略，有熟美的意思，味道熟美的酒是不摻水、香味濃厚的。

- 香醇、醇美、醇郁、醇酒、膽固醇

飲酒過量，神智不清

- 「卒」有竭盡的意思，喝酒的人竭盡能力來喝酒，很容易就會喝醉了。

- 陶醉、麻醉、如癡如醉、紙醉金迷、醉生夢死

zuì
醉
酉 + 卒

yān
醃
酉 + 奄

用鹽糖酒等佐料來漬藏食物

- 「奄」有覆蓋的意思，醃漬食物時，必須用鹽糖酒等佐料密覆在食物上。

- 醃製、醃漬

xǐng
醒
酉 + 星

從酒醉或昏迷中恢復知覺

- 星星是明亮的高掛在天空中的，所以有明亮閃爍的意思。當人由酒醉恢復知覺後，他的神智也會逐漸恢復清明。

- 清醒、喚醒、提醒、驚醒、如夢初醒

chǒu
醜
酉 + 鬼

相貌難看；惡劣的

- 當人喝醉酒時，面貌就會漲紅、扭曲，就像鬼一樣難看、令人厭惡。

- 出醜、家醜、醜惡、獻醜、醜態百出

yī
醫
殹 ＋ 酉

治病

- 「殹」指的是擊中某物的聲音。酒有治病的功效,醫生治病必須用藥投中病人的患處,這樣才能達到治療的效果。

- 行醫、醫生、醫院、醫學、醫術

xūn
醺
酉 ＋ 熏

酒醉的樣子

- 「熏」是指火煙往上升的樣子。人喝醉酒則酒氣也會浮出身體外,讓周遭的人都可以感受到。

- 微醺、醉醺醺

niàng
釀
酉 ＋ 襄

製酒;事情逐漸形成

- 「襄」有脫除外衣以降低體溫的意思。而釀酒時發酵溫度會較高,等到酒汁出來後,原來的原料便成了酒渣,溫度就會降低。

- 佳釀、釀造、釀酒、釀製、醞釀

QQ小站

你知道為什麼喝了酒以後就很容易臉紅嗎?想想看。

辛 的 家 族

「辛」是指一種古代用來處罰犯人的刑具，因此跟罪、辛辣有關的字，大多有一個「辛」偏旁。

gū

辜

古 + 辛

罪、過錯

● 「古」含有故、舊的意思，加上「辛」偏旁表示論罪時，通常要依循舊例來判決。

● 無辜、辜負、死有餘辜、濫殺無辜

bì

辟

㠯 + 辛

刑法、懲罰

● 「㠯」在甲骨文中畫的就像一個跪着的罪人，「辛」是一種刑具，「辟」便是罪人跪在刑具前準備接受懲罰。

● 辟邪、復辟、鞭辟入裏

倉頡大仙一點靈

　　「辟」在普通話中有兩種讀音，意義也不同。讀作 pì 時，表示刑法，譬如古代的死刑便稱作「大辟」；讀作 bì 時，便是天子、諸侯、卿大夫等有土地、人民者的通稱。廣東話中讀音相同，都讀「僻」。

là

辣

辛 + 束

一種焦灼刺激的滋味；狠毒的

- 「束」有捆紮的意思。將辛辣的東西捆紮成為一束，便表示辛辣的程度非常強烈。

- 火辣、辛辣、辣椒、心狠手辣、辣手摧花

bàn

辦

辛 + 力 + 辛

處理；處罰

- 「力」含有盡力、全力以赴的意思。兩個有犯罪嫌疑的人互相爭訟，彼此都想全力為自己找到有利的證據來脫罪。

- 主辦、創辦、辦法、舉辦、辦公室

biàn

辨

辛 + 丿 + 辛

分別、判斷

- 「丿」在小篆中畫的是一把刀子。用刀子將兩個有犯罪嫌疑的人從中剖開，便有想從中了解、分辨事實的意味。

- 辨別、辨明、辨識、明辨是非、雌雄難辨

cí

辭

嗣 + 辛

語言文章；推避

- 「嗣」在這裏是「亂」的省略。在審問罪人時需要從他們雜亂的說法中條理出事實，以便作出正確的判決。

- 告辭、辭職、辭讓、不辭而別、義不容辭

biàn

辯

辛 + 言 + 辛

用言語爭論是非

- 這個字一看就明瞭，中間一個「言」，表示兩個有犯罪嫌疑的人用言語爭論是非、試圖為自己脫罪。

- 辯駁、辯論、辯稱、百口莫辯、辯才無礙

辛

167

古代用天干地支來搭配作為計算年日的符號。你知道「天干」和「地支」各有哪些符號嗎？今年用天干地支的標法來計算，應該是屬於哪一年？

邑

國家

bāng

邦

丰 + 阝

- 「丰」有豐盛的意思。國家必須物產豐隆、人口興旺，國力才會強盛。
- 友邦、邦交、聯邦、烏托邦

高級官員居住的地方

dǐ

邸

氐 + 阝

- 「邸」的本義是古代諸侯國朝見天子時在都邑所設置的居所。「氐」是樹木的根，有根本的意思。而都邑是宗廟的所在地，也是一個國家的根本所在。
- 府邸、官邸

城市周圍不遠的地方

jiāo

郊

交 + 阝

- 「交」有兩相交合的意思，加上「阝」偏旁指出是與國都交合的地方，也就是在國都旁的土地（古代稱距離天子都城百里之內的土地為「郊」）。
- 近郊、郊區、郊外、郊遊、荒郊野外

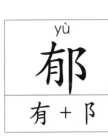

yù
郁
有 + 阝

盛；香氣濃厚

● 「有」含有豐盛之意，再加上「阝」偏旁表示這國內的物產豐盛，引申有濃厚、美盛的意思。

● 醇郁、濃郁、馥郁、郁郁青青

jùn
郡
君 + 阝

古代地方區域的名稱

● 「君」的本義是指居高位治理國政的人，加上「阝」偏旁表示這個人是領有君王的命令，而來治理一個地區的人，也就是「郡守」，就像一地之君一樣。

● 郡主、郡守、郡王

bù

部

音 ＋ 阝

分類別布置

- 「音」有兩不相合的意思，加上「阝」偏旁表示將這都邑中不同類別的東西，分別歸類布置。

- 內部、全部、部下、部隊、按部就班

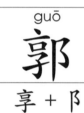

guō

郭

享 ＋ 阝

城的外牆

- 這個字要從甲骨文來看比較清楚，在甲骨文中畫的城郭形狀就有一個高高築起的城牆，加上「阝」偏旁表示這是建築在城市周圍的防護牆。

- 城郭

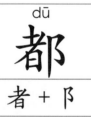

dū

都

者 ＋ 阝

中央政府所在地；大城市

- 「者」有指出這個的意思，加上「阝」偏旁表示指出中央政府所在地，就在這個都邑裏。

- 大都、都市、首都、定都

yóu

郵

垂 + 阝

傳遞信件

● 「垂」含有邊陲的意思；而「阝」是指國家。「郵」的本義即是指設在邊境供傳遞公務文書的亭舍。

● 郵件、郵局、郵差、集郵、電郵

lín

鄰

粦 + 阝

接近自己住處的人家

● 「粦」有積少成多的意思，加上「阝」偏旁表示在這都邑中逐漸增多的屋舍。「鄰」的本義就是指古代的地方組織，以五家或八家為一鄰，後來也引申為居住在自己住處附近人家的稱呼。

● 比鄰、鄰居、鄰舍、左鄰右舍、敦親睦鄰

QQ小站

　　你知道郵票的功用嗎？透過網路用 e-mail 傳遞郵件需不需要貼郵票？為什麼？

走的家族

「走」在古文中畫的是一個人手臂舞動、正在走路的樣子，跟走路有關的字，大多有一個「走」偏旁。

fù

赴

走 + 卜

到某個地方去

● 「卜」是卜卦。古時候用火灼燒龜甲獸骨來卜卦，灼燒的時候，龜甲獸骨上會有裂紋，而裂紋產生的速度很快，就像人快走到某個地方一樣。

● 奔赴、赴宴、赴約、全力以赴、赴湯蹈火

jiū

赳

走 + 丩

勇敢威武的樣子

● 「丩」有物體糾結縈繞的意思。勇武健壯的人肌肉線條明顯，就像物體糾結的形狀，而且健壯的人通常行動很敏捷，所以旁邊再加上「走」偏旁來強調。

● 赳赳、雄赳赳

qǐ

起

走 + 巳

站立

● 在古文中，「巳」字已經有起的意思，畫的是一個人由坐着而起身的樣子。人在走路之前必須先起身站

立，所以「起」也有起步、離開原來位置的意思。

- 一起、起初、了不起、另起爐灶、急起直追

經過；超過

- 「戉」是一種樣子像斧頭的兵器，可以用來彰顯軍威，拿着這種兵器走向敵軍示威，有威儀遠及敵軍的意思。

- 越過、卓越、飛越、優越、翻山越嶺

越過、高出

- 「召」是以口叫人的意思。而應召的人通常會立刻快走去赴約。

- 超人、超出、超級、超過、超越

趕赴；利用時間、機會；適合

- 「㐱」是指長得很濃密的毛髮；「走」是走路，有由後往前趕上的意思。而濃密的毛髮是前後密合的，所以「趁」也有適合的意思，例如「趁了你的意」，不過這種用法現在很少用，通常都改用「稱」字來表示適合的意思。

- 趁早、打鐵趁熱、趁人之危、趁火打劫、趁虛而入

gǎn

趕

走 + 日 + 干

增加速度行走

- 「干」看起來就像一根長竹竿;「趕」的本義是牲畜舉起尾巴來快走。手上拿着一根長竹竿來驅趕牲畜,趁着日落前讓牲畜們趕緊吃飽喝足後,再把牠們驅趕回家。

- 追趕、趕忙、趕快、迎頭趕上、趕盡殺絕

qù

趣

走 + 取

興味;趣向

- 「取」含有拿的意思。人一定是看到自己喜歡、或感興趣的東西才會拿取,而拿取時要行動,所以就加上「走」偏旁來強調。

- 有趣、情趣、趣味、樂趣、妙趣橫生

tàng

趟

走 + 尚

量詞,來往一次叫「一趟」

- 「尚」是把東西贈與他人,所以有增加他人財貨的意思,在這裏我們取用「增加」的意思。而「走」有走路的意思,從甲地走到乙地,再從乙地走回甲地,便是增加了走路的距離,所以我們稱這樣來往走一次為走一趟。

- 一趟

qū

趨

走 ＋ 芻

快走

● 「芻」是指被割下來的草，又短又多。而快步走路的時候，步伐也是又短促又多的。

● 趨向、趨勢、大勢所趨、趨之若鶩、趨炎附勢

　　假如你是一個小牧童，今天僱主叫你帶一頭牛去河邊喝水吃草，可是到了河邊，這頭牛卻鬧脾氣不吃不喝，你要怎麼辦呢？

車 的 家 族

「車」是一種有輪子運轉的陸上運輸工具，跟車子有關的字，大多有一個「車」偏旁。

zhá

軋

車 + し

輾壓

- 「し」是草木屈曲伸出來的樣子。在車子經過物體時，被輾壓在車輪下的物體也會因為承受車子的重量而彎曲。

- 輕軋、軋進

guǐ

軌

車 + 九

車子經過留下的痕跡

- 「九」是數字最大的數，有多的意思。而車子經過留下的痕跡，交錯複雜也是很多的。

- 不軌、路軌、軌道、軌跡、心懷不軌

xuān

軒

車 + 干

有車箱可以遮蔽乘坐的車子

- 「干」含有邊沿的意思，加上「車」偏旁便是指有邊沿、裝飾華美的車子。

- 軒昂、不分軒輊、軒然大波、氣宇軒昂

ruǎn
軟
車 + 欠

柔

- 「欠」含有欠缺、不足的意思。車子應該是很堅固的,假如零件鬆散有欠缺,當受到外力衝擊時就很容易改變形狀。

- 心軟、軟弱、柔軟、軟化、軟硬兼施

jiào
較
車 + 交

車子上的曲銅鉤;計量

- 「交」含有交結的意思,加上「車」偏旁表示用曲銅鉤的交結,來鉤住車前的橫木,從側面看,因為鉤子比橫木還凸出,所以引申有計量、比較的意思。

- 比較、計較、較量、較勁、斤斤計較

zǎi
載
戈 + 車

裝運

- 「戈」的右邊是「戈」,戈是一種兵器。把東西裝運在車中,就像把兵器刺入人的體內一樣,都要很穩當地確定東西已經在裏面了。

- 記載、盛載、滿載、怨聲載道、載歌載舞

fǔ **輔** 車 + 甫	**車兩旁的夾木；從旁協助**

- 「甫」在古代是男子的美稱，引申有堅實可靠的意思。而置於車兩旁、用來幫助車子更穩固的木頭，通常也會選擇比較堅實的。
- 輔助、輔導、輔佐、相輔相成

qīng **輕** 車 + 巠	**重量小**

- 「巠」的本義是地下的水脈，流動的速度非常快。而車子重量輕的話，運行起來的速度也會比較快。
- 年輕、輕巧、輕鬆、輕描淡寫、避重就輕

huī **輝** 光 + 軍	**閃耀的光彩**

- 軍隊的工作主要是圍攻敵人或環守陣地，加上「光」偏旁就表示有一個發光體位於中間並向四方散射光線。
- 光輝、輝煌、輝映、金碧輝煌、蓬蓽生輝

liàng **輛** 車 + 兩	**計算車子數量的量詞**

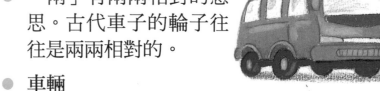

- 「兩」有兩兩相對的意思。古代車子的輪子往往是兩兩相對的。
- 車輛

bèi

輩

非 + 車

長幼的行次

- 「非」在這裏是「排」的省略。當一列車子排在一起時，就有先後的次序。
- 長輩、前輩、輩份、一輩子、泛泛之輩

lún

輪

車 + 侖

車船或機器上轉動的圓形物

- 「侖」有條理分明的意思。車輪上周迴的直木必須條理分明、與輪框緊密相接，才能使車輪運行順暢安全。
- 郵輪、車輪、輪替、輪胎、輪流

shū

輸

車 + 俞

運送

- 「俞」的本義是天然中空的木舟，而舟和車都有運送物資的功能。

- 輸入、輸出、輸送、輸血、運輸

zhǎn

輾

車 + 展

用轉輪把東西壓碎

- 「展」有轉的意思。車輪轉動就會把壓在下面的東西壓碎。
- 輾斃、輾傷、輾穀

hōng

轟

車＋車＋車

很大的聲音

- 古文若重複三個相同的符號就有表示「多」的意思。很多車子一起在路上奔馳，發出來的聲音當然很大啦！

- 炮轟、轟動、轟炸、轟擊、轟轟烈烈

倉頡大仙講古

【轆轤】古人挖井汲水是非常有智慧的，他們在井邊架設轆轤，並在轆轤中間的滑輪上綁着繫有繩索的水桶，這樣當轆轤的把手轉動時，就可以控制繩子的長短，將水桶放入井裏或提起來。

【轎】轎子又稱為「肩輿」，顧名思義就是指一種扛在肩上的運輸工具，通常前後各有兩個人來抬；清代達官貴人乘坐的轎子，也有前後各有四個人來抬的，這種轎子就稱為「八抬轎」或「八人大轎」。

QQ小站

有一天你到了一處無人的郊外，你的口很渴，四處都看不到水源，這時你突然發現一口還有水的井，可是井邊只有一個水桶，沒有可以協助取水的轆轤和繩索，這時你該用什麼方法才能喝到水呢？

門的家族

「門」是可供開關出入的設置，跟門有關的字，大多有一個「門」偏旁。

shuān 閂 門 + 一	**用來拴門戶的橫木** ● 這個字很有意思，古代的門是由兩扇門板組合成的，關上以後便用一根長長的橫木將兩扇門板拴住，所以在「閂」字中的「一」就是指那根橫木。 ● 上閂、門閂
shǎn 閃 門 + 人	**躲** ● 「閃」字是「人」在「門」裏面，有人由外往內或由內往外出入時，會先躲在一旁探頭窺看周遭情況的意味。 ● 閃失、閃亮、閃電、閃耀、躲閃 
bì 閉 門 + 才	**關** ● 「才」在這裏是「材」的省略，指木材。而門關合以後通常是用木材來拴住。 ● 閉幕、封閉、倒閉、閉門造車、閉目養神

kāi 開 門 + 开

啟

- 「开」是兩隻手拿着橫木，加上「門」偏旁表示把門上的橫木拿下來，就是把門打開了。

- 分開、開門、春暖花開、眉開眼笑、開門見山

jiān 間 門 + 日

縫隙

- 日光透過緊閉的門照進來，便表示這門是有縫隙的。

- 人間、空間、間接、伯仲之間、字裏行間

xián 閒 門 + 月

無關緊要的；安靜

- 「閒」的本義是縫隙。月光能從關閉的門穿透進來，便表示這門有縫隙，而月光透過門縫照進來表示夜已深、四處一片安靜，因此引申有無關緊要和安靜的意思。

- 休閒、悠閒、閒暇、閒情逸致、游手好閒

zhá 閘 門 + 甲

水門

- 「甲」是盔甲，有堅實的意思。而水門是用來控制水量多寡的，必須建造堅實，所以便在「門」內加「甲」來強調。

- 水閘、閘門、閘口

上圓下方的小門；女子的臥室

- 「圭」是一種上圓下方的瑞玉，加上「門」偏旁便表示這種門的形狀是上圓下方的，是為了方便出入而特別設立的小門，跟正式莊嚴的大門不同。

- 閨房、閨秀、大家閨秀、閨中密友、黃花閨女

看；檢視；經歷

- 「兌」在這裏是「悅」的省略。「閱」的本義是在門內數算，因為不用出門就能檢視人或物的數量多寡，所以心情便會很愉悅。

- 查閱、閱讀、閱覽、訂閱、參閱

寬廣

- 「活」的本義是水流發出的聲音，而水聲是擴散在四周不能聚集的，因此有疏散的意思。而門有出入、疏通的意思，因此，「門」和「活」組合便有了疏鬆、寬廣的意思。

- 開闊、廣闊、遼闊、大刀闊斧、海闊天空

商店的主人

- 「品」是指物品、器物。在門內堆着物品以備買賣之用的人，便是商店的主人。

- 老闆、老闆娘

猛衝

- 這個字很有意思,「門」是提供出入的設置,因此馬在門中就是馬要出門了,此時馬必定是很高興地往前直衝,所以「闖」便有衝的意思。

- 闖關、闖禍、硬闖、闖蕩、亂闖

閉

- 「絲」是指用絲線將織好的絹布捆起來,因此有橫通的意思。而將橫木放在門上,便是要把門關閉起來了。

- 無關、關切、關心、息息相關、過關斬將

宣揚;詳細說明

- 「單」有大的意思。將門大開,便有宣揚的意味。

- 闡明、闡述、闡揚、闡釋

你知道什麼是「關說」嗎?你覺得「關說」這種行為好不好?為什麼?

食 的 家 族

「食」是指吃東西，跟食物的名稱、吃東西有關的字，大多有一個「食」偏旁，而當作部首時寫成「飠」。

jī

飢

飠 + 几

餓

- 「几」是小矮桌。桌下是虛空的，而肚子覺得虛空想吃東西，就是有「餓」的感覺了。

- 充飢、飢渴、飢寒、飢不擇食

fàn

飯

飠 + 反

煮熟的穀類食品

- 「反」有反覆的意思。人吃下穀類食品後，必須在嘴巴裏反覆咀嚼成細糊狀後才吞嚥下去。

- 吃飯、煮飯、飯碗、飯館、茶餘飯後

yǐn

飲

飠 + 欠

喝

- 這個字的甲骨文畫的是一個穿戴盔甲的人，俯下身體想喝酒的樣子。到了隸書時，這個字的形體才演變成現在所見的樣子。而「欠」的本義是人張嘴吐氣，加上「食」偏旁便表示這個人張嘴想吃喝東西。

- 飲用、飲品、一飲而盡、飲鴆止渴、飲水思源

餵養

- 「司」含有主管、視察的意思。餵養牲畜之前要先視察情況，再決定餵養的食物分量。

- 飼料、飼養

吃得很滿足了

- 「包」有包覆、包裹的意思。將食物包裹在胃中，讓胃是充實滿滿的，就表示已經吃得很滿足了。

- 飽和、飽滿、大飽眼福、中飽私囊、飽食終日

一種用麵粉製成薄皮包餡的食物

- 「交」有合的意思。餃子是把餡包在薄皮裏，再將麵皮捏合製成的食物。

- 水餃、餃子

用米、麵粉製成的扁圓形食品

- 「并」含有合的意思。製餅必須把米、麵粉等和水摻合揉製再蒸熟。

- 大餅、月餅、西餅、餅乾、糕餅

ěr 餌 食 + 耳

用來使人或其他動物上當的事物

- 「耳」在這裏是「珥」字的省略，「珥」是一種美玉。讓人或動物上當的事物當然是看起來美好、讓人想擁有的。

- 釣餌、誘餌、魚餌

è 餓 食 + 我

想吃東西

- 這個字很有意思，直接指明我想吃東西，就表示餓了。

- 挨餓、飢餓、餓肚子、餓虎撲羊

食

187

yú 餘 食 + 余

多出來、剩下的東西

- 「余」有語氣舒緩的意思。人在吃飽後常常會很滿足地吐一口長氣，這樣在一旁還沒有被吃的東西就表示是多出來、剩下來的。

- 多餘、剩餘、不遺餘力、心有餘悸、年年有餘

cān 餐 夕又 + 食

吃；飯食

- 「夕又」畫的是人拿着食物放在口中咀嚼嚥下，加上「食」偏旁便是強調他正在吃食物。

- 午餐、早餐、餐包、尸位素餐、餐風露宿

提供飲食的客舍或商店

- 「館」是古代官設用來招待外國賓客的地方，有提供飲食和住宿，而「民以食為天」，當然就要把「食」特別標明出來囉！
- 旅館、報館、館長、大使館、博物館

包在麵食裏面的東西

- 「臽」的本義是陷阱。把餡包在食物裏面，就像餡掉入米麵皮製成的陷阱裏一樣。
- 肉餡、餡餅

食物放久了壞掉發出酸臭的氣味

- 「叟」是指年紀大的人。當食物放置的時間過久又沒有好好保存，就很容易變質發出臭味。
- 餿水、餿主意

富足、多

- 「堯」有高的意思。食物高高地堆着不虞匱乏，便有富足的感覺。
- 求饒、富饒、饒恕、饒命、饒舌

chán

饞

食 + 毚

貪吃

- 「毚」是一種狡猾的兔子。兔子是很擅長於奔跑的動物，而像兔子一樣奔跑着去追求食物，便表示貪吃啦！

- 口饞、眼饞、解饞、饞嘴、饞涎欲滴

QQ小站

過年時，你有吃過裏頭包錢幣的餃子嗎？為什麼要把錢包在餃子裏呢？這究竟有什麼典故？想一想、查一查喲！

食

189

文字小博士

這是一個花園迷宮，只有順着「車」部首的字往前走，才能順利走出迷宮哦！

看圖猜字連連看：請看圖連到相對應的字，並寫出那個字的部首。

• 餃（　）• 娶（　）• 盒（　）• 酋（　）• 診（　）
• 盔（　）• 郵（　）• 辣（　）• 飽（　）• 繡（　）

191

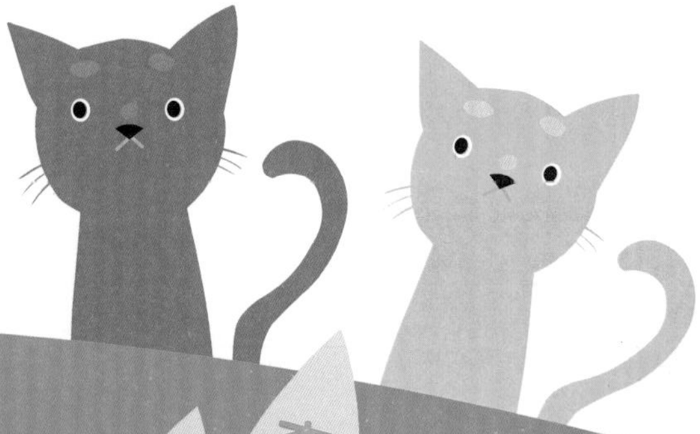

易混字大對決：請從上面的提示字中，選一個正確的字填入（　）中。

季　李

梅雨（　　）來了。

這籃（　　）子好酸。

姓　性

中國有百家（　　）。

他是個（　　）格小生。

辨　辯

他很愛跟人（　　）論。

要（　　）別雙胞胎很難。

複　復

學習就是要重（　　）多練習。

破掉的東西很難恢（　　）原狀。

紀　記

他只要去旅遊就會買（　　）念品。

這個病人已經喪失（　　）憶了。

「口」的家族突然發生內鬨，族人們不想再被封閉住，
紛紛出走，你認得出這些族人出走後會變成什麼字嗎？

國 ▶（　　） 　　囚 ▶（　　）

園 ▶（　　） 　　固 ▶（　　）

圃 ▶（　　） 　　圍 ▶（　　）

圈 ▶（　　） 　　圓 ▶（　　）

困 ▶（　　） 　　團 ▶（　　）

請你從下面找出跟「兵器」有關的字，並寫出部首。

刀
（　）

刨
（　）

弩
（　）

劍
（　）

弩
（　）

戈
（　）

剪
（　）

戮
（　）

弓
（　）

刺
（　）

戎
（　）

弦
（　）

戟
（　）

「礻」家族和「衤」家族因為長得太像，常常被誤認，所以這兩個家族的族長決定合辦一個辨識大會，只讓族人保留非部首的部件出場，請來賓辨別看看這個部件到底該配上「礻」還是「衤」才能成為一個完整的字，你也來玩玩這個辨識遊戲吧！

刀（　）　　右（　）　　羊（　）　　包（　）　　土（　）　　退（　）

谷（　）　　伏（　）　　旦（　）　　皮（　）　　必（　）　　甫（　）

斤（　）　　君（　）　　氏（　）　　司（　）　　且（　）　　尚（　）

巳（　）　　由（　）　　兄（　）　　豐（　）　　申（　）　　果（　）

「好」字左右兩邊的部件吵架了，決定要分家，各自帶上跟自己相同部件的族人另起爐灶，請你幫他們把族人找齊吧！

把文字加加減減後產生的
新字寫下來，並造詞。

戟－戈＋月＝（　　）▶（　　　　）

弩－（　　）＋心＝怒 ▶（　　　　）

劑－（　　）＋水＝濟 ▶（　　　　）

封－寸＋（　　）＝佳 ▶（　　　　）

罪－（　　）＋馬＝罵 ▶（　　　　）

劣－力＋（　　）＝沙 ▶（　　　　）

衙－（　　）＋韋＝衛 ▶（　　　　）

（　　）－舟＋手＝挺 ▶（　　　　）

輸－俞＋（　　）＝軟 ▶（　　　　）

（　　）－走＋糸＝糾 ▶（　　　　）

197

文字國發生了超級強震，把許多字給震得解體了，請你幫忙把這些解體的部件組合起來，恢復它們原本的面貌。

氵…戶…犬 ▶（淚）

亡…品…殳 ▶（　）

厂…禾…禾…止 ▶（　）

彳…土…寸 ▶（　）

疒…力…口 ▶（　）

礻…曲…豆 ▶（　）

木…木…示 ▶（　）

米…舛…阝 ▶（　）

門…氵…舌 ▶（　）

土…土…寸…白…巾 ▶（　）

衤…弓…厶…虫 ▶（　）

連連看並填字：第一區和第二區所標示的都是某個文字的其中一個部件，請從這兩區選出適合的相連成「字」，並把那個字寫出來。

第一區　　寸　四　歹　田　巾

第二區　　朱　各　卓　台　酉　敝　身　能　占　介　道

（　）（　）（　）（　）（　）（　）射（　）（　）（　）（　）

「疒」家族是一個可憐的家族，幾乎每個族人都受到詛咒，所以族人們都很想脫離這個家族，混到其他家族去。請你幫忙想一下，假如這些族人要脫離「疒」家族，可以混到哪些家族？變成怎樣的字呢？

症－疒＋⬤＝⬤

痼－疒＋⬤＝⬤

疹－疒＋⬤＝⬤

疤－疒＋⬤＝⬤

痔－疒＋⬤＝⬤

痢－疒＋⬤＝⬤

療－疒＋⬤＝⬤

瘟－疒＋⬤＝⬤

疵－疒＋⬤＝⬤

癱－疒＋⬤＝⬤

有些部首放在不同的位置，部首的書寫形體也會改變，請你寫下這些字的部首和部首形體改變後的模樣，並組詞。

部首（ ）

袋（ ）▶（ ）
補（ ）▶（ ）

部首（ ）

紮（ ）▶（ ）
繪（ ）▶（ ）

部首（ ）

邑（ ）▶（ ）
都（ ）▶（ ）

部首（ ）

禁（ ）▶（ ）
祕（ ）▶（ ）

疊牀架屋組文字：請從下面的部件提示，組出一個文字。

木＋目▶（　）＋雨▶（　）＋女▶（　）

⺌＋句▶（　）＋夂▶（　）＋言▶（　）

土＋土＋土▶（　）＋兀▶（　）＋食▶（　）

木＋木▶（　）＋示▶（　）＋礻▶（　）

口＋木▶（　）＋亻▶（　）＋礻▶（　）

月＋月▶（　）＋山▶（　）＋糸▶（　）

口＋口＋口▶（　）＋匸▶（　）＋殳▶（　）

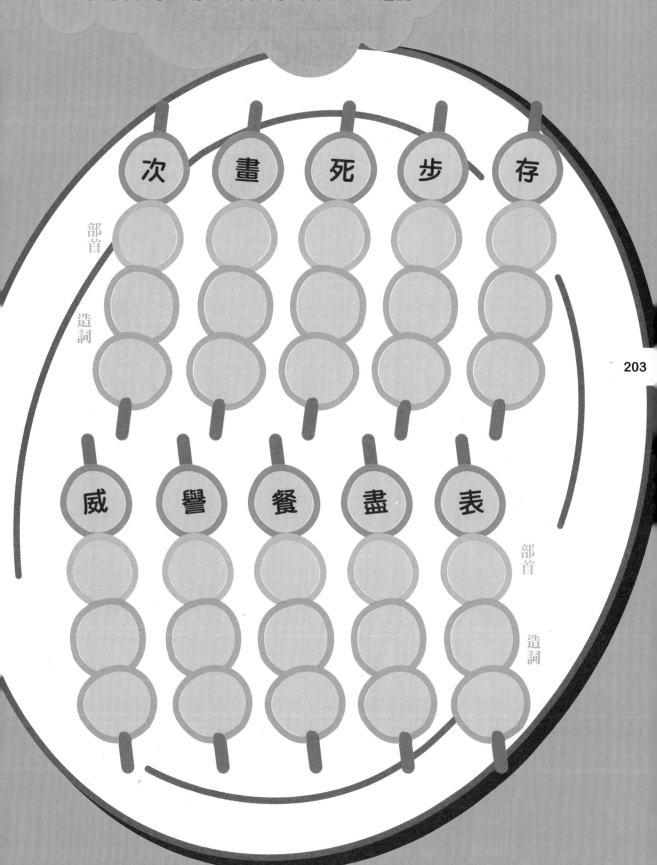

部首

造詞

次　畫　死　步　存

威　譽　餐　盡　表

部首

造詞

203

成語填充

力			
	力		
		力	
			力

見			
	見		
		見	
			見

言			
	言		
		言	
			言

門			
	門		
		門	
			門

織女的工作室遭小偷了！警方抓到一個開着載滿贓物貨車的小偷，通知織女去警局認領自己的失竊物，可是贓物實在太多了，請你幫織女找出屬於她的失竊物。

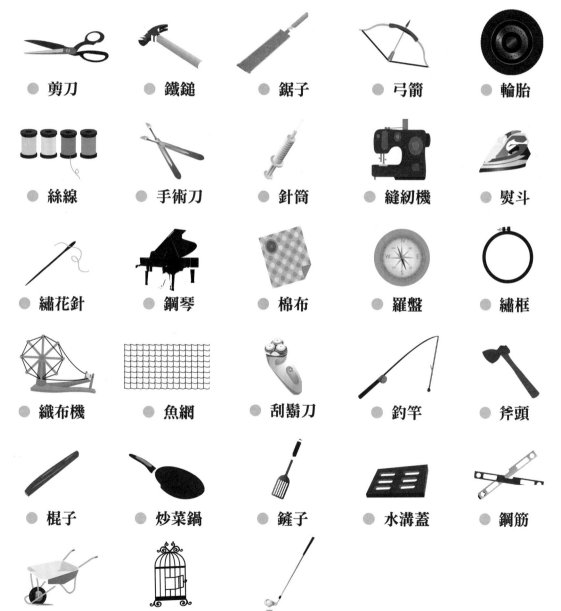

- 剪刀
- 鐵鎚
- 鋸子
- 弓箭
- 輪胎
- 絲線
- 手術刀
- 針筒
- 縫紉機
- 熨斗
- 繡花針
- 鋼琴
- 棉布
- 羅盤
- 繡框
- 織布機
- 魚網
- 刮鬍刀
- 釣竿
- 斧頭
- 棍子
- 炒菜鍋
- 鏟子
- 水溝蓋
- 鋼筋
- 水泥
- 鳥籠
- 高爾夫球具

文字小博士答案

文字小博士

這是一個花園迷宮，只有順着「車」部首的字往前走，才能順利走出迷宮哦！

看圖猜字連連看：請看圖連到相對應的字，並寫出那個字的部首。

餃（食） 娶（女） 盒（皿） 醋（酉） 診（言）
盎（皿） 郵（邑） 辣（辛） 飽（食） 繡（糸）

易混字大對決：請從上面的提示字中，選一個正確的字填入（　）中。

梅雨（季）來了。
這籃（李）子好酸。

中國有百家（姓）。
他是個（性）格小生。

他很愛跟人（辯）論。
要（辨）別雙胞胎很難。

學習就是要重（複）多練習。
破掉的東西很難恢（復）原狀。

他只要去旅遊就會買（紀）念品。
這個病人已經喪失（記）憶了。

「口」的家族突然發生內鬨，族人們不想再被封閉住，紛紛出走。你認得出這些族人出走後會變成什麼字嗎？

國 ▶（或）　　囚 ▶（人）

園 ▶（袁）　　固 ▶（古）

團 ▶（甫）　　圍 ▶（韋）

圈 ▶（卷）　　員 ▶（員）

困 ▶（木）　　團 ▶（專）

請你從下面找出跟「兵器」有關的字，並寫出部首。

刀（刀）　剺（　）　刨（　）　劍（刀）　弩（弓）　戈（戈）　剪（　）　戮（　）　弓（弓）　戉（　）　刺（　）　弦（　）　戟（戈）

「衤」家族和「礻」家族因為長得太像，常常被誤認，所以這兩個家族的族長決定合辦一個辨識大會，只讓族人保留非部首的部件出場，請來賓辨別看看這個部件到底該配上「礻」還是「衤」才能成為一個完整的字，你也來玩玩這個辨識遊戲吧！

刀	右	羊	包	土	退
（初）	（祐）	（祥）	（袍）	（社）	（褪）
谷	伏	旦	皮	必	甫
（裕）	（袱）	（袒）	（被）	（祕）	（補）
斤	君	氏	司	且	咼
（祈）	（裙）	（衹）	（祠）	（祖）	（禍）
巳	由	兄	豐	申	果
（祀）	（袖）	（祝）	（禮）	（神）	（裸）

「好」字左右兩邊的部件吵架了，決定要分家，各自帶上跟自己相同部件的族人另起爐灶，請你幫他們把族人找齊吧！

妙　孿　妹　嬰　妻　孤　孩　如　孽　嫚　季

女　子

存　威　奶　孕　始　孫　娶　學　婚　孵　孔　姓

把文字加加減減後產生的新字寫下來，並造詞。

戟－戈＋月＝（朝）▶（朝代）
弩－（弓）＋心＝怒▶（怒氣）
劑－（刀）＋水＝濟▶（經濟）
封－寸＋（人）＝佳▶（佳話）
罪－（非）＋馬＝罵▶（罵人）
劣－力＋（水）＝沙▶（沙子）
衙－（吾）＋韋＝衛▶（護衛）
（艇）－舟＋手＝挺▶（堅挺）
輸－俞＋（欠）＝軟▶（軟硬）
（赳）－走＋糸＝糾▶（糾結）

文字國發生了超級強震，把許多字給震得解體了，請你幫忙把這些解體的部件組合起來，恢復它們原本的面貌。

氵…戶…犬▶（淚）
匸…品…殳▶（毆）
厂…禾…禾…止▶（歷）
彳…土…寸▶（待）
疒…力…口▶（痂）
礻…曲…豆▶（禮）
木…木…示▶（禁）
米…舛…阝▶（鄰）
門…氵…舌▶（闊）
土…土…寸…白…巾▶（幫）
礻…弓…厶…虫▶（襁）

連連看並填字：第一區和第二區所標示的都是某個文字的其中一個部件，請從這兩區選出適合的相連成「字」，並把那個字寫出來。

第一區　寸　罒　歹　田　巾

第二區　朱　各　卓　台　酋　敝　身　能　占　介　道

（殊）（略）（罩）（殆）（尊）（幣）射（罷）（帖）（界）（導）

「疒」家族是一個可憐的家族，幾乎每個族人都受到詛咒，所以族人們都很想脫離這個家族，混到其他家族去。請你幫忙想一下，假如這些族人要脫離「疒」家族，可以混到哪些家族？變成怎樣的字呢？

症－疒＋言＝証
痼－疒＋亻＝個
疹－疒＋王＝珍
疤－疒＋月＝肥
痔－疒＋扌＝持

痢－疒＋艹＝莉
療－疒＋口＝嘹
瘟－疒＋氵＝溫
疵－疒＋木＝柴
癱－疒＋扌＝攤

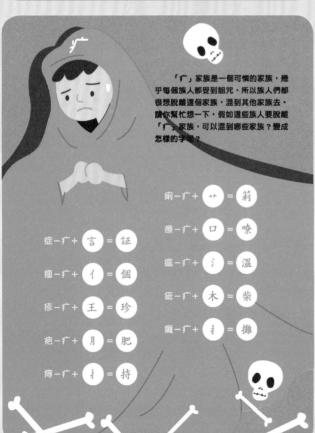

有些部首放在不同的位置，部首的書寫形體也會改變，請你寫下這些字的部首和部首形體改變後的模樣，並組詞。

部首（衣）
袋（衣）▶（口袋）
補（衤）▶（修補）

部首（糸）
紊（糸）▶（紊亂）
繪（糹）▶（繪畫）

部首（邑）
邑（邑）▶（縣邑）
都（阝）▶（都市）

部首（示）
禁（示）▶（禁止）
祕（礻）▶（祕密）

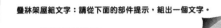

疊淋架屋組文字：請從下面的部件提示，組出一個文字。

- 木＋目 ▶（相）＋雨 ▶（霜）＋女 ▶（孀）
- 艹＋句 ▶（苟）＋攵 ▶（敬）＋言 ▶（警）
- 土＋土＋土 ▶（垚）＋兀 ▶（堯）＋食 ▶（饒）
- 木＋木 ▶（林）＋示 ▶（禁）＋衤 ▶（襟）
- 口＋木 ▶（呆）＋亻 ▶（保）＋衤 ▶（褓）
- 月＋月 ▶（朋）＋山 ▶（崩）＋糸 ▶（繃）
- 口＋口＋口 ▶（品）＋匸 ▶（區）＋殳 ▶（毆）

字詞串丸子：寫出下列文字的部首，並造詞。

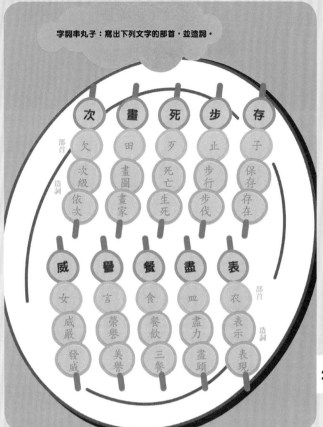

	次	畫	死	步	存
部首	欠	田	歹	止	子
造詞	次級	畫圖	死亡	步行	保存
	依次	畫家	生死	步伐	存在

	威	譽	餐	盡	表
部首	女	言	食	皿	衣
造詞	威嚴	榮譽	餐飲	盡力	表示
	發威	美譽	三餐	盡頭	表現

209

成語填充

力	爭	上	游
戮	力	齊	心
勢	均	力	敵
自	食	其	力

見	義	勇	為
一	見	如	故
司	空	見	慣
肝	膽	相	見

言	過	其	實
花	言	巧	語
不	苟	言	笑
暢	所	欲	言

門	當	戶	對
班	門	弄	斧
自	立	門	戶
五	花	八	門

織女的工作室遭小偷了！警方抓到一個開着載滿贓物貨車的小偷，通知織女去警局認領自己的失竊物，可是贓物實在太多了，請你幫織女找出屬於她的失竊物。

- 剪刀
- 鐵鎚
- 鋸子
- 弓箭
- 輪胎
- 絲線
- 手術刀
- 針筒
- 縫紉機
- 熨斗
- 繡花針
- 鋼琴
- 棉布
- 羅盤
- 繡框
- 織布機
- 魚網
- 刮鬍刀
- 釣竿
- 斧頭
- 棍子
- 炒菜鍋
- 鏟子
- 水溝蓋
- 鋼筋
- 水泥
- 鳥籠
- 高爾夫球具

全書文字索引

【力的家族】
3畫 加 8
功 8
4畫 劣 9
5畫 劫 9
助 9
努 9
7畫 勇 10
勃 10
勉 10
勁 10
9畫 勘 11
動 11
10畫 勞 11
11畫 勤 11
勢 12
14畫 勳 12
15畫 勵 12
18畫 勸 12

【刀的家族】
1畫 刃 14
2畫 切 14
3畫 刊 14
4畫 列 15
刑 15
划 15
刎 15
5畫 判 16
別 16
刪 16
利 16
刨 17
6畫 刻 17
券 17
刷 17
刺 18
到 18
刮 18
制 18

7畫 剃 19
剋 19
則 19
8畫 剖 19
剔 20
剛 20
9畫 剪 20
10畫 割 20
創 21
11畫 剿 21
12畫 劃 21
13畫 劈 21
劇 22
劍 22
劊 22
14畫 劑 23

【子的家族】
1畫 孔 24
2畫 孕 24
3畫 存 24
5畫 孤 25
季 25
6畫 孩 25
7畫 孫 25
11畫 孵 26
13畫 學 26
14畫 孺 26
17畫 孽 27
19畫 孿 27

【女的家族】
2畫 奴 28
奶 28
3畫 妄 28
奸 29
妃 29
好 29
如 30
4畫 妒 30

妨 30
妓 30
妙 31
妖 31
5畫 妾 31
妻 31
妹 32
姑 32
姐 32
始 32
姓 33
6畫 姿 33
姨 33
娃 33
姻 34
姦 34
威 34
7畫 娟 35
娛 35
8畫 婉 35
婦 35
娶 36
娼 36
婢 36
婚 36
9畫 婷 37
媚 37
媒 37
媛 37
10畫 嫂 38
嫁 38
嫉 38
嫌 38
媳 39
12畫 嬌 39
14畫 嬰 39
17畫 孀 39

【巾的家族】
2畫 布 41

4畫 希 41
5畫 帖 41
帛 42
帕 42
8畫 帶 42
帳 43
9畫 幅 43
帽 43
11畫 幣 44
14畫 幫 44

【口的家族】
2畫 囚 45
3畫 因 45
回 45
4畫 困 46
囵 47
5畫 固 47
囹 47
7畫 圃 47
圄 48
8畫 圈 48
國 49
圇 49
9畫 圍 49
10畫 園 49
圓 50
11畫 團 50
圖 50

【彳的家族】
4畫 彷 51
役 51
5畫 往 51
征 52
彿 52
6畫 待 52
律 52
徊 53
後 53

7畫 徒 53
徑 53
8畫 得 54
徙 54
從 54
御 55
9畫 復 55
循 55
10畫 微 56
12畫 徹 56
德 56

【寸的家族】
3畫 寺 57
6畫 封 57
7畫 射 57
8畫 專 58
9畫 尊 58
尋 59
11畫 對 59
13畫 導 59

【弓的家族】
1畫 弔 60
引 60
2畫 弘 61
3畫 弛 61
5畫 弦 61
弧 62
弩 62
6畫 弭 62
7畫 弱 62
8畫 張 63
強 63
11畫 彆 63
12畫 彈 63
19畫 彎 64

【欠的家族】
2畫 次 65

210

4畫 欣 65
7畫 欲 65
8畫 欽 66
　　 款 66
　　 欺 66
9畫 歇 66
10畫 歌 67
　　 歉 67
11畫 歎 67
18畫 歡 68

【歹的家族】
2畫 死 69
4畫 歿 69
5畫 殃 69
　　 殆 70
　　 殂 70
　　 殄 70
6畫 殊 70
　　 殉 71
8畫 殖 71
10畫 殞 71
11畫 殤 71
13畫 殮 72
14畫 殯 72
17畫 殲 72

【止的家族】
1畫 正 73
2畫 此 73
3畫 步 74
4畫 歧 74
5畫 歪 74
12畫 歷 74
14畫 歸 75

【戈的家族】
2畫 戎 76
　　 戍 76
3畫 戒 77

8畫 戟 77
9畫 戥 77
10畫 截 77
11畫 戮 78
12畫 戰 78
13畫 戲 78
14畫 戳 78

【殳的家族】
5畫 段 80
6畫 殷 80
7畫 殺 81
8畫 殼 81
9畫 毀 81
　　 殿 82
11畫 毅 82
　　 毆 82

【皿的家族】
3畫 盂 84
4畫 盈 84
　　 盆 84
5畫 益 85
6畫 盍 85
　　 盛 85
　　 盒 86
7畫 盜 86
9畫 盡 86
　　 監 87
10畫 盤 87
11畫 盥 87
12畫 盪 87

【田的家族】
2畫 男 89
4畫 畏 89
　　 界 90
5畫 畔 90
　　 畜 90
　　 留 90

6畫 略 91
　　 畢 91
7畫 畫 91
　　 番 91

【示的家族】
3畫 社 93
　　 祀 93
4畫 祉 94
　　 祈 94
　　 祇 94
5畫 祕 95
　　 祠 95
　　 祝 95
　　 祐 96
　　 祖 96
　　 神 96
　　 祟 96
　　 祛 97
6畫 祭 97
　　 祥 97
8畫 禁 98
9畫 禍 98
13畫 禮 98
14畫 禱 98

【疒的家族】
3畫 疚 100
4畫 疤 100
　　 疫 100
5畫 疹 101
　　 病 101
　　 症 101
　　 疲 102
　　 疼 102
　　 痂 102
6畫 痔 102
　　 痕 103
　　 疵 103
　　 痊 103

7畫 痛 103
　　 痣 104
　　 痘 104
　　 痢 104
8畫 瘀 104
　　 痰 105
　　 瘁 105
　　 痳 105
　　 痺 105
　　 痼 105
9畫 瘉 106
　　 瘟 106
　　 瘋 107
10畫 瘦 107
　　 瘟 107
　　 瘠 107
　　 瘤 108
　　 瘡 108
12畫 癌 108
　　 療 108
13畫 癖 109
14畫 癡 109
15畫 癢 110
19畫 癲 110

【衣的家族】
2畫 初 111
3畫 表 111
　　 衫 111
5畫 袒 112
　　 袖 112
　　 被 112
　　 袍 112
　　 袋 113
6畫 袱 113
　　 裁 113
　　 裂 114
7畫 裙 114
　　 補 114
　　 裕 114

　　 裡 115
　　 裝 115
8畫 裸 115
　　 製 116
9畫 複 116
　　 褓 116
10畫 褪 117
　　 褥 117
11畫 褲 117
13畫 襟 118
15畫 襪 118
16畫 襯 118

【糸的家族】
1畫 系 119
2畫 糾 119
3畫 紀 119
　　 約 120
4畫 紊 120
　　 紋 120
　　 紗 121
　　 級 121
　　 紛 121
5畫 絃 121
　　 紮 122
　　 細 122
　　 終 122
6畫 統 122
　　 結 123
　　 絕 123
　　 絲 123
7畫 經 123
8畫 綿 124
9畫 編 124
　　 練 124
　　 緯 124
　　 緝 125
　　 緣 125
　　 緩 125
　　 線 125

211

10畫縣 126
11畫續 126
　　繃 126
　　縫 127
　　總 127
　　縱 127
　　繁 127
12畫織 128
13畫繫 128
　　繪 128
14畫繡 128
15畫續 129
17畫纖 129

【舟的家族】
4畫航 131
　　舫 131
5畫舵 131
　　舷 132
　　舶 132
　　船 132
7畫艇 132
10畫艙 133
14畫艦 133

【行的家族】
3畫衍 134
6畫街 134
7畫衛 134
9畫衝 135
　　衛 135
10畫衡 135
18畫衢 136

【网的家族】
8畫置 137
　　署 137
　　罩 137
　　罪 138
9畫罰 138
10畫罵 138

　　罷 139
11畫罹 139
14畫羅 139
19畫羈 140

【見的家族】
4畫視 141
　　規 141
　　覓 141
5畫覘 142
9畫親 142
13畫覺 143
14畫覽 143
18畫觀 143

【言的家族】
2畫計 144
　　訂 144
　　訃 144
3畫記 145
　　討 145
　　訊 145
　　託 145
　　訓 146
4畫訪 146
　　訣 146
　　許 146
　　設 147
　　訟 147
　　訛 147
5畫註 147
　　詠 148
　　評 148
　　詞 148
　　詛 148
　　詐 149
　　訴 149
　　診 149
6畫試 149
　　詩 150
　　誇 150

　　誠 150
　　話 150
　　詭 151
　　詢 151
　　詬 151
7畫說 151
　　語 152
　　誣 152
　　認 152
　　誠 153
　　誓 153
　　誤 153
　　誨 153
　　誘 154
8畫誼 154
　　諒 154
　　談 154
　　課 155
　　諂 155
　　調 155
9畫諺 156
　　諱 156
　　諧 156
10畫謎 156
　　謙 157
　　講 157
　　謊 157
13畫議 157
　　譬 158
　　警 158
　　譯 158
14畫護 158
　　譽 159
15畫讀 159
17畫讓 159

【酉的家族】
2畫酋 160
3畫配 160
　　酌 160
4畫酗 161

5畫酣 161
6畫酬 161
7畫酵 162
　　酸 162
　　酷 162
8畫醇 162
　　醉 163
　　醃 163
9畫醒 163
10畫醜 163
11畫醫 164
14畫醮 164
17畫釀 164

【辛的家族】
5畫辜 165
6畫辟 165
7畫辣 166
9畫辦 166
　　辨 166
12畫辭 167
14畫辯 167

【邑的家族】
4畫邦 168
5畫邸 168
6畫郊 168
　　郁 169
7畫郡 169
8畫部 170
　　郭 170
　　都 170
9畫郵 171
12畫鄰 171

【走的家族】
2畫赴 172
　　起 172
3畫起 172
5畫越 173
　　超 173

　　趁 173
7畫趕 174
8畫趣 174
　　趙 174
10畫趨 175

【車的家族】
1畫軋 176
2畫軌 176
3畫軒 176
4畫軟 177
6畫較 177
　　載 177
7畫輔 178
　　輕 178
8畫輝 178
　　輛 178
　　輩 179
　　輪 179
9畫輸 179
10畫輾 179
14畫轟 180

【門的家族】
1畫閂 181
2畫閃 181
3畫閉 181
4畫開 182
　　間 182
　　閒 182
5畫閘 182
6畫閨 183
7畫閱 183
9畫闊 183
　　闆 183
10畫闖 184
11畫關 184
12畫闡 184

【食的家族】
2畫飢 185

4畫飯
　　飲
5畫飼
　　飽
6畫餃
　　餅
　　餌
7畫餓
　　餘
　　餐
8畫館
　　餡
10畫餞
12畫饒
17畫饞

212

字的家族 2
生活器物篇

編　　著／邱昭瑜
繪　　圖／吳若嫻
責任編輯／甄艷慈
出　　版／新雅文化事業有限公司
　　　　　香港英皇道 499 號北角工業大廈 18 樓
　　　　　電話：(852) 2138 7998
　　　　　傳真：(852) 2597 4003
　　　　　網址：http://www.sunya.com.hk
　　　　　電郵：marketing@sunya.com.hk
發　　行／香港聯合書刊物流有限公司
　　　　　香港新界大埔汀麗路 36 號中華商務印刷大廈 3 字樓
　　　　　電話：(852)2150 2100
　　　　　傳真：(852)2407 3062
　　　　　電郵：info@suplogistics.com.hk
印　　刷／振宏文化事業有限公司
版　　次／二〇一四年七月初版
　　　　　二〇一七年六月第四次印刷

ISBN：978-962-08-6143-7
© 2014 Sun Ya Publications (HK) Ltd.
18/F, North Point Industrial Building, 499 King's Road,
Hong Kong
Published in Hong Kong

讀後心得紀錄

讀後心得紀錄